四象限

动态智能 第一辑

创建意识思维游乐场

[加] 玛丽莲·阿特金森　[斯洛伐克] 彼得·斯特凡尼 著
Marilyn Atkinson　Peter Stefanyi

王莉雯　杨兰 译

4Q
DYNAMIC
INTELLIGENGE

VOLUME I
Marilyn W.Atkinson WITH **Peter Stefanyi**

华夏出版社
HUAXIA PUBLISHING HOUSE

图书在版编目（CIP）数据

四象限动态智能. 第一辑/(加) 玛丽莲·阿特金森 (Marilyn Atkinson)，(斯洛伐) 彼得·斯特凡尼(Peter Stefanyi)著；王莉雯，杨兰译. — 北京：华夏出版社有限公司，2023.8

书名原文：4 Quadrant Dynamic Intelligence Volume I

ISBN 978-7-5222-0341-6

Ⅰ. ①四… Ⅱ. ①玛… ②彼… ③王… ④杨…Ⅲ. ①思维能力-能力培养 Ⅳ. ①B842.5

中国版本图书馆 CIP 数据核字(2022)第 093161 号

四象限动态智能. 第一辑

作　　者	[加]玛丽莲·阿特金森	[斯洛伐克] 彼得·斯特凡尼
译　　者	王莉雯　　杨　兰	
责任编辑	马　颖	
责任印制	刘　洋	

出版发行	华夏出版社有限公司
经　　销	新华书店
印　　刷	三河市少明印装有限公司
装　　订	三河市少明印装有限公司
版　　次	2023 年 8 月北京第 1 版　　2023 年 8 月北京第 1 次印刷
开　　本	710×1000　1/16 开
印　　张	15
字　　数	222 千字
定　　价	69.80 元

华夏出版社有限公司　地址：北京市东直门外香河园北里 4 号　邮编：100028
网址：www.hxph.com.cn　　电话：（010）64663331（转）
若发现本版图书有印装质量问题，请与我社营销中心联系调换。

内容提要

四象限动态智能：一种思维探索的方法

我们通过运用四象限来了解内在的创造力系统。我们探索的是，人类意识作为一个生长、改变与学习的整体，其本质之演化。让意识抽离于思维系统之外，我们用手描画这个创造力系统；让意识投入于思维系统之内，我们用心感受其内在的涌动。在这个过程中，四象限可为我们提供帮助。

四象限思维的根基，一直都是整体系统觉察。我们用四象限来定义整体系统的自然属性，我们探索自身的意识动态，也就是我们脑中接连不断的想法——这是我们的"思维游乐场"。我们也会探寻，人类潜能的波段如何作为一个整体持续发展。开放式问题、深切的好奇心与对所感所得保持感激的意愿，都有利于四象限思维的塑造。

当我们好奇地向内发问时，我们就会注意到，作为接收系统的思维如何在四个关键领域接收信息。这四个关键区域分别是身体象限、情感—关系象限、意图象限、意义象限。我们将在这些自然生发的觉察中，找到其内容、结构、流程和内在的形式或流动。当我们问出开放式问题时，我们就会接收到新的想法——想法的闪现非常迅速，往往是"灵光一现"。出于多种考虑，我们把这些想法的闪现称为"想法的动态"。我们将在第一辑第一部分和第二部分中学习基本实践。

在第一辑和第二辑两本书中，你将发现发展自身思维的新觉察通道。你还会学到可用于生活各个领域的基本实践方法。

第一辑，就是你手中的这本书，其主旨在于定义你的"智能游乐场"。这部分内容将通过四象限思维和多种感知练习来提升你的思维能力。

如果你又读到了第二辑，走进游乐场，它将带你进入第三部分和第四部分。第三部分展示的是，探索并发展被称为图式 A、B、C、D 的关键路径，即自我探索的发展框架。这是专门为转变整体系统而设计的学习方法与解决方案。图式 A、B、C、D 与量子物理学的基本发现密切相关。我们的注意力从粒子转移到模式，并于更深远的层次上创造一致性。观察这些正在生成的图式也与许多法门的修炼方法如出一辙；除此之外，我们还将融入成果导向的"教练的艺术与科学"中使用的方法。[1]第四部分则是整合。我们将进一步探索内在现实的本质，以及如何发现一个又一个的内在现实。

衷心致谢

　　《四象限动态智能》的第一辑、第二辑是许多人共同努力的智慧结晶。彼得·斯特凡尼（Peter Stefanyi）自始至终深度参与创作。他不仅仔细阅读了每一章的内容，而且协助把控整本书的写作框架。希瑟·帕克斯（Heather Parks）带着满腔热情，绘制了各种各样的四象限图。她负责书中许多注释的编辑工作，并负责审查所有的文本修改。金·莱斯科纳（Kim Leischner）、迪奥多拉·卡米诺娃（Teodora Kamenova）、罗莎·特卡托娃（Rosa Tkacova）与劳伦斯·麦金尼斯（Lawrence McGinnis）等朋友和同事在阅读、提问和编辑方面也提供了帮助。

献辞

谨将此书献给人类对发展的强烈渴求！

我们每一个人，都由同样的欲望与尘埃组成，都曾被共同的否认与绝望围攻，从这一刻开始，让我们坚决与果敢地燃烧起内心的火焰吧！

——威尔弗雷德·欧文（Wilfred Owen）

前言

彼得·斯特凡尼

故事从布拉迪斯拉发（斯洛伐克首都）的火车站开始。由于冰岛火山爆发导致欧洲的飞机停飞，我（彼得）带玛丽莲乘火车前往塞尔维亚。当我们到达月台时，距离发车还有一个小时。我们谈论起考古学、物理学、思想发展和其他各个学科之间的关联。就在火车驶进站台之前，玛丽莲跟我说："不如你两周后来安塔利亚，那里可能有你感兴趣的课程。"

两周后，我参加了安塔利亚的培训师培训。几天后，我又继续参加了关于四象限思维的课程。

这是一门非常有趣的课程，课程中有许多发人深省的观点，白板上也留下了许多引人深思的图形。突然间，我有一种"恍然大悟"的感觉。那一刻对我的未来产生了深远的影响，也成就了我与玛丽莲合写这本书的契机。

当时我坐在课堂里，听着课程内容一点点地展开。玛丽莲对思维进程的解释抓住了我的注意力。我感觉到一种强烈的、似曾相识的感觉，心想："我非常了解这个过程。这显然就是当我在物理学研究中遇到全新的、始料未及的事情时思维运作的方式。"我还记得自己当时的心理活动："哇，这系统地解释了当一个科学严谨的大脑发现全新的事物时，思维创造性运作的过程。"那是一个转折点。从那一刻起，我就被这门课程深深吸引。课程结束后，我花了六个月的时间，一遍又一遍地翻阅讲义，思考其中的意义。我意识到自己手中有一个卓越的工具，因此决定继续探究它是否可以用来系统地观想现实。作为物理学家，我需要了解，它是否可以用来观想任何一种现实，其逻辑是否与物理学和数学中的基本原则严丝合缝。

答案是肯定的。我探索得越多，其一致性就越明显。

随着对四象限工具的学习与研究的深入，我找上玛丽莲。我们开始就这个系统的各个方面定期展开对话。有一次，玛丽莲说："彼得，我有许多这个主题的资料，我想把它们写成书，但它们有点散，而且没那么容易理解。你愿意和我一起写这本书吗？"我毫不犹豫地答应下来。就在那一刻，我们宣告就这本书展开合作。

有一个笑话说，每个优秀的咨询师都是用 2×2 矩阵来赚钱的。实际上，这并不是一个笑话。我们的视觉脑喜欢看见 2×2 矩阵，基于此工具的解释往往比其他工具的解释更有说服力，也更容易理解。2×2 矩阵通常由两条直线划分出四个区域，展示出对现实某些方面的特定观点。最先进的矩阵模型尝试在三个视角的基础上提供完整的现实观。

但是，玛丽莲开发的四象限工具具备简单的 2×2 矩阵的所有优点，而且更加系统。四象限提供了观察思维地图的第一人称视角，可以在视觉图中展现出一个人的内在现实和思维活动的规律。这个过程与物理研究中使用的方法一致。在物理研究中，物理学家首先在某个时间点设定初始状态，然后用相关的物理定律来研究从初始状态到最终状态的演化。通过练习，内在地图上所显示的思维运作规律可为思维赋能，让思维依照内在意愿采取一系列行动，并觉察当前的状态与处境。这些练习让思维可以立马从初始状态转变为新的状态，显化出新的内在地图。思维的一项活动是专注于一个事先设定的目标并实现它。另一项活动是以创新的方式找到理解既定现实的另一个角度，或称为"跳出盒子思考"。整个思维地图反映的是内在现实。由衷地欣赏其中的美与对称性，也会为我们的探索带来新的视角。

当思维选择了一个行动方案，身体或精神上的探索会带来更好的选择，并增强对所选行动方案的动力。最后，对上述思维模式的充分体验，让我们可以自由地思考，并因此可以自由地行动。

基于四象限思维的动态智能系统工具可用于全面了解内在现实的疆域，并进一步探究对我们自身而言的真相。对我们来说，并非所有的内在现实都是真实的，有些可能是错误的，从而带来压力和相关的问题。然而，四象限思维的练习让我们得以建构内在现实的整体图景，并探究思维从当前状态演化为新状态的基本过程。这就像米开朗基罗在大理石块中看到了美丽的大卫雕像一样。

我们可以将内在状态演变的三个基本过程可视化。这给我们带来了自由，让我们可以在建构内在现实的同时，看见不同维度的自我，并选择需要发展的维度。我们为这三个基本过程赋予了一个隐喻：全思维进化的三大阶梯。这三大阶梯将引向与真我的融合，于不同层次、不同情境中与真我和谐共振。

第一辑和第二辑内容提要

四象限思维的练习让我们可以对自我进行定义、扩展、探索与整合。这两本关于四象限动态思维的书也是由一系列练习组合而成的。第一辑和第二辑共分成四个部分。这一划分与四象限图的结构主题相吻合，分别是三个阶梯和第四部分的整合。每个阶梯都可以帮助我们建构某种类型的"游乐场"或丰富其中的元素，为的是发展我们的思维。

第一个阶梯

第一辑第一部分描述的是思维进化的第一个阶梯，主要介绍内在现实如何以平衡的形式发展。其根基在于感知当下，而对当下的感知又来源于思维对当下的聚焦。用正念的方法或探究状态的流程来观察我们的内在状态，和使用"状态线"这样简单的流程，都是很好的例子。

当下的感知原本是积极的，但人们习惯于不假思索地将感知与负面评价联系在一起。负面评价来源于所感知到的旧结论，使思维一次又一次地回到过去的状态中。有意思的是，这又加深了基于积极感知的消极体验。好比一棵跨越四季的树，最开始，在春生夏长的季节，我们认为它"美丽"；再后来，当树叶落下，我们认为它"丑陋"。就这样，我们获得了并不真实的内在现实。

学会在接收积极感知的同时保持对消极评价的清醒觉察，让我们可以自由选择如何评估经验数据。这种全新的自由可以改变对过往经历的感受，让我们更乐观地看待人生，而不是悲观地联系过往的消极体验。一旦开启乐观的展望，通向未来的梦想之路就会在脚下铺开，我们也将重获前进的意图。我们用正反

我们的内在现实，要么来源于压力所带来的假象，要么来源于对真相的偶然一瞥。

馈通路来取代负反馈通路。于是，思维可以重新与原本的意图产生的共鸣。

　　第一个阶梯是关于内在现实的发展。我们的内在现实，要么来源于压力所带来的假象，要么来源于对真相的偶然一瞥。而现在，我们让所有真相统统融汇于平衡的四象限探索中。这个真相是平衡的，但它不必反映所有真相。

　　四象限图的视觉化也非常重要。现在，思维可以自由选择：我要么以目前定义的知觉（视听感[2]地图，即对当前现实的视觉、听觉与体觉）来感知某些现实，要么将这个现实分解到四个象限中，画出这个现实的四象限图。针对同一个现实，原本的视听感体验将在四象限中体现出四个不同的面向。在这个四象限图中，底部象限是你对现实的感知，左侧象限是你对现实的体验，右侧象限是相关的想法与计划，顶部象限则是你与这个现实产生共鸣的更深层意义。

　　四象限思维还意味着，我们为开放式问题赋予了新的意义，重新定义了感知的过滤器。通过重新定义不同象限的感知，开放式问题让感知变得更加丰富。此外，我们可以在总览位置或教练位置上观察旧有的想法，探索其潜在的意义。这是一个非常有趣的过程，因为它将内在现实的视听感体验与思维联系在一起，创造出一张涵盖一切的整合地图。再配备第二个和第三个思维阶梯上的流程和工具，这张地图就可以成为我们每个人卓有成效的咨询师。

第二个阶梯

　　第一辑第二部分中描述的第二个阶梯是基于对内在现实的积极评价，带领我们通往价值观欣赏的流程。我们可以注意到，价值观欣赏是扩展真相的一种形式。然而，这俨然是自我超越的全新层级——在有意识地发展能力的基础上，采取交替和演化的视角来看待同一现实，与此同时，扩展我们的注意力范围。五个感知位置[3]让你可以总览第一辑第二部分中的所有流程。

　　首先，从最简单的第一感知位置开始，即通过投入的第一人称视角，从内部感知真相。然后，我们转移到第二感知位置，从旁观者的视角来感知内在现实。接下来，我们可以进入抽离的第三感知位置，也称为总览位置。在这里，我们可以进行全局思考，并学会教练自己的感知，加入积极评价与正向意图来

这是一段非常有趣的旅程。首先是锚定投入的第一感知位置，紧接着在投入与抽离的感知位置之间自由切换，最后在投入的、全局观的第五感知位置上结束。

重新看待真相。我们可以超越既定的现实，从而欣赏到更大的图景。再接着，我们继续走向第四感知位置，在此加上时间维度的延展。最后，第五感知位置则是基于全局观的视野，从全人类的视角感知真相。

这是一段非常有趣的旅程。首先是锚定投入的第一感知位置，紧接着在投入与抽离的感知位置之间自由切换，最后在投入的、全局观的第五感知位置上结束。我们的注意力范围也一路延展，从第一感知位置开始，上升到更高的维度，直至跨越整个时空的第五感知位置。这个过程也可以反过来进行，从非常抽象的第五感知位置一路下降到非常具体的第一感知位置。用视听感地图和四象限图来体验第二个阶梯的流程都很合适，但出于学习目的，我们在本书的第二部分中使用视听感地图进行体验。

这些流程是基于有意识地重新审视与内在现实相关的价值观的。每当我们带着学习与进步的积极态度重新审视价值观时，这一价值观就必然有所发展。这意味着，"自我的真相"正延展到更广阔的背景中。简而言之，它变得更加有力量了。

在这里，思维获得了全新的能力：轻松切换感知位置的能力。于是，思维可以在不同的抽象程度之间移动，从而可以跳出既定现实的思维盒子，塑造或宣告全新的现实。

第二个阶梯以创造真相宣告的流程收尾。思维正学着用不同方式，在之前延展内在现象的基础上，重新定义个人真相的不同维度。在这个过程中，自我正向外伸出双手，捕捉飘洒在外的自我碎片，将碎片融汇为更加完整合一的自我。

第三个阶梯

第二辑第三部分中描述的第三个阶梯，将引领我们在创造的思维图式上探索真相。我们探究的是，思维如何扩大选择范围，发展出更多的选择。这部分内容由以下几个思维图式（Format）组成：图式 A，选择并完成一个目标；图式 B，从既定的内在现实中提取新的认知；图式 C，欣赏思维系统中的美与对称性；图式 D，探察任何行为的后果。

图式 A 是一个让人全然投入的过程。思维形成了一个新的目标，并让人将注意力投注其上，努力地实现它。与"完全没有目标"或"我不得不实现这个目标"的隧道视野相比，这样的新目标俨然是一个伟大的成就。因此，我们可以说，这是跳出盒子思考的第一步。

图式 B 需要的是全然抽离的状态。当我们从外部视角观察整个四象限图时，新的想法就会浮现。这意味着思维跳出了原本的感知与结论。眨眼间，就出现了跳出盒子思考的更多选择。

图式 C 让我们可以欣赏思维系统本身的美与对称性。这个流程在投入与抽离的体验中来回切换。这带来了一种绝妙的体验，让我们从潜意识中提取意想不到的资源，并将其融入整体性之中。投入与抽离的来回切换有助于思维带着问题与欣赏留意到这些资源。因此，随着更多资源的出现，这个跳出盒子思考的进程仍在延续。

最后，图式 D 是一个伴随着开放式问题的流程。这些问题让思维在投入与抽离之间来回切换，从而可以探索任何现实或假设性现实的广泛可能性。

通过熟练掌握第一部分、第二部分和第三部分中的练习，精通者可以踏着三大阶梯行进到第二辑中的第四部分。而且，通过有意识地掌控行动、情感与思考，精通者可以成为生命探索的大师。通过深入第四象限的内在愿景和更深层的意义，连接到更抽象的思维层级和第五感知位置，我们得以建构第四象限。这一部分介绍将真相整合到平衡的图景中，并把整合后的真相具象化为四个存在层级。

在第四部分，实践者练习用身体感知真相的存在，感受随之而来的情感状态，产生特定的想法，最后，与其原本的整体价值观和原则产生共振。精通者可以从全人类的视角进入全观的视野（不仅体现在视听感地图上，也呈现在四象限图上），从而启动作为核心原则的整体价值观。但是，在这个层次仍然需要你具备相应的能力，投身于具体事项中，有意识地选择最适合当前事务的思维方式。

隐喻地讲，三个阶梯是我们攀登生命之山的路径，我们将带着协调一致的

复杂不仅仅意味着繁复，更意味着世界的一部分是虚构的。这一部分已经超出我们的认知范围，不能轻易依赖。但是，它也不能被排除在外。

愿景、想法、感受与行动走向充实而有意义的生命。它们让思维在基于多个初始状态的、接连不断的"当下"体验中得以进化，因此，它们也从本质上形成了"以真相为基础的乐观主义"，以及个体与整体于觉察上的共振与通向灵性开悟的捷径。

此外，三大阶梯也揭示出另一个主题。这个主题就是与探索悖论相关的跳出盒子思考。启蒙运动的出现带来了科学的实证主义精神。我们非常重视以解决问题为目的的科学方法。而这种解决问题的方法源于机械的方法论，也暗示着，现实生活中的场景可以被简化为一个可解决的问题，还有一个精巧明确的解决方案与之对应。

出人意料的是，我们日渐发现，当今世界变得越来越互联互通，导致日益复杂的局面。更多的发现正在涌现，不断地挑战着我们。复杂不仅仅意味着繁复，更意味着世界的一部分是虚构的。这一部分已经超出我们的认知范围，不能轻易依赖。但是，它也不能被排除在外。我们无法将复杂情境归结为具有明确解决方案的问题。如果用机械的方法来解决，墨菲定律迟早会应验，带来所有人都始料未及的后果。

悖论就是这种情况的一个例子。它包含两个方面，但这两个方面在本质上是彼此矛盾的，要想成就一方，就必须牺牲另一方。呼吸是一个典型的例子，吸气和呼气是两个截然相反的过程。吸入氧气，呼出有害的二氧化碳。如果在任何一个过程中停留时间过长，就会出现负面效应，我们不得不跳转到另一个过程。生活中到处都是这样自相矛盾的悖论。

三大阶梯中的练习提供了一套方法，让精通者可以应对各类问题，不论简单还是复杂，特别是解决悖论。第一个阶梯中的练习可以增强我们对当下的感知，为所有的思维进程提供各项数据。这些数据在思维的体验象限中构成了个人的自传式记忆。用个人价值观进行筛选和审查，这些数据就组成了重要性的第三象限。有意思的是，我们不仅记得过去，也记得对于未来的规划。第四个象限是总览与整合，为这一切赋予了意义。

第二个阶梯建立在身体感知所获得的数据上，让我们将注意力投注于逐渐变大的和／或抽象的生活舞台上，或者相反地，将注意力聚焦于小的和／或具体的、我们感兴趣的画面上。我们既可以从外观察，也可以从内感知。第二个阶梯中既可投入又可抽离的工具将带来令人惊喜的洞见，让人进一步欣赏和体验价值观。不同的感知位置或抽象层级让我们可以获得对既定现实的"新视角"，无论是具体的视听感体验，还是呈现在四象限图上的内在现实。随着新视角日益增多，我们实际上正在创造另一种选择，它不仅替换了原本的现实，也取代了无意识地采取视角应对现实的做法。我们学会打造复杂而灵活的当下，使其贴合自己的生命意图。

第三个阶梯提供的是不同的思维图式，分别适用于不同种类的话题。让我们来逐个预览一下。思维图式 A，为实现"这个"目标提供了一条明确的路径。这已经是一个了不起的创造，超越了任何非结构化的随机思维。思维图式 B 提供了对"这个"目标的结构化视角，以流程化的方式触发新因素的出现。因此，"这个"目标和"那个"新因素组成一个系统。正是这样，创造力才能够喷涌而出。思维图式 C，让人可以系统地思考"这个或那个"。这带来了全新的思维通道。现在，思维可以在情境中看到更多选择，而在此之前，还只有一个选择存在。最后，思维图式 D，结构化地探究所有选择，"这个和 / 或那个"。这是有意识地处理悖论的基础。因此，思维可以在以下选项中自由地选择："这个"；"这个"加新因素"那个"；"这个或那个"；最后是"这个与那个"的结合。

在最后的整合中，我们可以在三大阶梯的基础上，在每个当下融入四象限结构，并相应选择最适合当前主题的思维方式。这是全新的能力层级。完全灵活的思维，不仅有能力从外观察并从内感知，而且能带着四象限结构感受当下，这样的思维拥有超越自身的非凡之力。它为人们清醒地应对生活中的悖论赋予了灵活性！现在，思维可以选择并丈量内在现实的不同维度，并得出真实与否的结论。所以，这种状态，就好比是呼之即出的真我"雕像"！

在每一块大理石中，我都看见一尊雕像就站在我面前，形态完美，动作舒展。我需要做的，只是劈掉禁锢了美丽灵魂的粗糙石块，让他现身于一双双如我所见的眼睛里。

——米开朗基罗

引言

思维的灵活性

发展教练位置：内在的观察者

让我们仔细思考一下四象限探索的目的，来探究一个卓有成效的自我发展程序的关键要素。

我曾经在北美洲的一个大礼堂参加过知名冥想老师阿迪亚香缇（Adyashanti）开设的课程。他是一个有意思的人！他的描述吸引了我的注意力。他告诉我们，他花了 17 年的时间，坐在一堵墙前练习冥想，以求修炼出内力，在头脑中保持总览全局的观察者位置。他的目的和许多探索者的一样，是获得内在的平和与宁静。用他自己的话来说，他用冥想来建构"有效的观察视角"，观察大脑中"跳来跳去的猴子"。

他在冥想时观察思维中的喧闹，同时保持有规律的呼吸。他说他每天花 15 个小时来冥想。你可以想象，一个人每天花 15 个小时，日复一日地，一边盯着墙壁，一边关注呼吸吗？用 17 年的时间盯着一堵墙，这可是非常长的时间。

这类专注冥想通常需要花费大量时间，因为人们需要掌握一项复杂技能：在保持意图与注意力的同时，安坐于强大而灵活的观察者位置或教练位置上。

在教练位置上，你可以探索任一完整体验，将其融合于更大的、远超于此的体验中。

长此以往，在冥想中所花费的时间与精力逐渐转化为保持教练位置的能力，帮助人们在多层次、多类型的内在视角与对话中保持稳定。有许多方法可以达到这样的效果。你在第一辑、第二辑中学习的系统化方法就可以带来更深入而全面的整合。在附录中，我将提供更多关于"什么是教练位置"的内容。

四象限的助力

假如你可以循序渐进地直接进入这个层次的沉思、探索，并定义你自己的存在，那会怎么样？假如发展教练位置仅仅需要花费几年，而非17年，那会怎么样？假如你可以借助思维地图发展简单易上手的思维习惯，稳定你自己总览全局的能力，那会怎么样？

假如你可以保持积极的情绪持续地学习，进而迅速培养保持全局观的能力，为自我发展赋能，那会怎么样？假如有可能建立一个成长系统，既能让你投入其中，又能抽离开外，通过积极而不只是消极的方式让自己延伸至自我真相的最宽广处（并同时观察着内在对话无休止的比较与评判），那会怎么样？

想象一下，假如你可以轻松自如地移动到纯粹的总览教练位置上，用这种方式，修炼出不畏人生风雨的强大内心，那会怎么样？这是所有冥想的实际意图。看看这两本书中的练习是否对这个意图有所帮助。

在教练位置上，你可以探索任一完整体验，将其融合于更大的、远超于此的体验中。想象更小的整体从属于更大的整体，让你自己在整体中无限地向外延伸和无限地向内收缩。你很快就可以学会创建这个系统，透过这个全息框架，去观想、探究、质询，并逐渐扩展你自己的觉察。

正如著名的俄罗斯套娃隐喻所揭示的那样，四象限思维帮助你"深度回顾"任何一个重要想法。我们可以从多个层面进行探索，也可以向外探究或由内生发。

基于总览教练位置，你很快就可以进入整合的系统思维。辅以观察思维疆域的强大技能，你自然会形成积极思考的思维框架。总览意味着要看到事物的

在 21 世纪，我们面临着许多严峻的挑战。全世界的人都需要清晰可行的路径，来实现自我超越，获得内在成长。有能力保持稳定的总览教练位置让我们可以迅速发展，因为它让我们能在所有领域获得整体觉察。

所有方面，包括看到你自己的价值观。这样，你就能真实地面对你的生命意图。你所发展出的"扩展的思维习惯"，相当于极其资深的冥想者所达到的境界。这让你可以快速进入高层次的合一觉察中。你开始了解到，意识本身正势不可挡地推动着人类进一步发展。这两本书中的许多练习都会发展你这方面的能力。

启程

我们邀请你用这两本书来创造一个四象限的"价值观觉知系统"，学会随时将自己引向最强烈的价值观体验（这正是在你探索思维的内在形式），不断自我发现生命所需要的。通过我们自己，通过我们每时每刻的感知，不断延展的思维一直在探寻中。拨开迷雾，你会看见微微颤动的内在生命——整体性智能。

在 21 世纪，我们面临着许多严峻的挑战。全世界的人都需要清晰可行的路径，来实现自我超越，获得内在成长。有能力保持稳定的总览教练位置让我们可以迅速发展，因为它让我们能在所有领域获得整体觉察。

随着你的注意力趋于稳定，你学会在瞬息万变的思绪中集中注意力，就像站在冲浪板上驰骋，任由思维如海浪般涌动。在你锻炼自己的感知"肌肉"时，你也在发展平衡的习惯。消极的内在评判与嘲讽将显现出最本源的模样。稍微关注一下这些想法，然后就将它们放在一边。这样，不用做太多挣扎，由于不被关注，负面想法逐渐就被淘汰了；换句话说，你学会从喋喋不休的内在对话中辨别出内在现实。

通过运用平衡而多维的四象限图，我们可以稳步而又迅速地培养自己保持教练位置的能力。与深层价值观意识的全面神经连接成为放松的感知系统的基础——对人们来说，由于过去的情绪反射机制的消极力量，这通常是"困难所在"。以整合的觉知系统为出发点进行思考，你学会选择有效的、积极的目标，并根据情况，重新发展情绪机制，重新设定意图。

通过使用四象限图，你学会启用自己的注意力"游乐场"，即延展觉知的疆域。之所以称之为"游乐场"，是因为四象限思维让我们可以有意识地"塑造"

这种意识。这意味着更广阔的自我认知疆域被激活，变成一个与价值观和谐共振的系统。同时，通过发展教练位置，你学会主动脱离盘根错节的负面自我认知，摆脱过去那些根深蒂固的想法。

这一趟学习旅程可能需要两年左右的时间。对于一些人来说，如果能够每周练习，时间可能会更短。你学会感受内在共鸣的振动频率。你知道如何建造一艘"觉察真相"的轮船，穿越过去的自我认同、各种自我保护的评判——正是这些想法，以内在对话的形式，形成了负面思维与限制性信念。

回归自我

我们将建造一艘意识的轮船，扬帆起航，驶向真相的大海，直到深深连接到我们内在的生命之流。

继续往下读，你会区分出不同层次的身份思维。你将学会用内容、结构、流程以及内在形式之流动来区分不同类型的身份认同。（你很快就能学会辨别投入的"小我"思维与你广博而一体的价值观自我，让自己延展至对整体性的了悟之中。在教练位置上，你可以清晰地了解到自我探索的所有层次。）

在每次练习中保持教练位置，你就在扬升自我探索的风帆。你会留意到广阔觉知的强烈流动。你会发现，它像风一样鼓动着风帆，将你引入内在智慧的广博天地。

练习：内在与外在的观察

作为开始的小练习，找一个可以看见一棵树的地方，花一点时间感受这棵树的独特之处。仔细看看是什么让这棵树与众不同。观察它的所有细节：树干、树皮、树枝及树叶。现在，抽离出来，总览一整条时间线：想象它从一粒种子开始，经历了无数个春夏秋冬。真正停下来想象，穿越四季，穿越晴天、暴雪与风雨过后的平静，它在不同的成长阶段所呈现出来的美。现在，注意到它的树枝了吗？看看不同树枝的延展范围及所处的不同生长环境。是否留下了风雨的痕迹？是什么压弯了这一根树枝？是什么让那根树枝扭转？再花一点时间来展望一下：这棵树将如何继续向天空伸展？每一根树枝将如何向上弯曲？这棵树将如何影响它周围的所有生命？

你正在扩展你对这棵树（一个整体）的图像，打开它带来的礼物——总览这一整个积极的、广博的、自我发展的生命。

我们可以浇灌知识的种子，并想象它在任何空间与时间中延伸。只要在当下开始寻求，我们便可以在未来知晓答案。我们还可以对他人和全人类展开这样的想象。

目录

第一部分

中央阶梯：丰富性

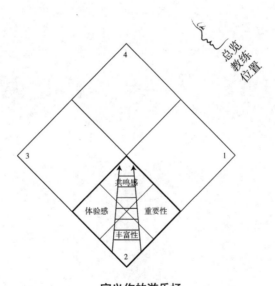

定义你的游乐场

第一章　四象限的力量

思维探索

让我们问一个关键问题：什么是智能（intelligence）？思维（mind）是怎么一回事？自人类诞生以来，这一直是哲人与诗人们所探究的话题。时至今日，这仍是脑神经科学家们的研究领域。他们使用功能性磁共振成像（fMRI）来对思维与大脑进行解读、推测与讨论。我们对意识本身提出的问题都可以装满一个图书馆。意识，即使如海洋一般深邃，却仍是人最基本的觉知。

你可能听说过盲人摸象的故事。每个盲人都只能摸到大象的一小部分，耳朵、腿、鼻子、肚子或尾巴，然后各自声称大象像风扇、柱子、水管、墙或绳子。人们哄堂大笑，但这和我们试图按照自己的思维定式定义思维的过程没什么不同。我们很容易过早停下来，用各种不同知识层面的内容或结构片面地定义事物，而不是带着好奇心，在更广阔的整体情境中了悟事物的方方面面。当我们带着探索的意图，超越片面的认知，对整体系统的觉知瞬间开启。霎时间，直觉闪现，我们可以瞥见这个不可思议的"思维之象"的整体，正闪耀着智慧的光芒。

我们可以观察思维运转时的过程与流动。有了这个，我们就可以开始用问题对思维活动（minding）展开高效的探索。我们将假设（assumption）转变成问题（question）时，就是将"名词"变成了"动词"，也更接近自我发现的内在现实。

那么，什么是智能？我们可能会把智能定义为精微聚焦与全局总览的结合体。这些体验都建立在我们的感知上。智能意味着激活思维的整体性，从而进一步了悟内在意义的丰富性。这与仅仅激活一系列方法论的智力（intellect）截然不同。

只要看到整个系统的平衡与完整，我们自然就想进一步探索。探索内在的平衡与整体性是四象限思维的根基。

任何关于智能或思维活动的探索都会指向另一个重要问题："智能是如何发展的？"只要花时间观察觉知产生的过程，就会发现整个思维系统正兴致勃勃地进行着自我探索。我们会发现，思维是一种涌现现象。

说到正念（mindfulness），这个仅仅观察智能在我们面前展开的过程，又是什么？我们可以将智能发展与正念都描述为，集中整个系统的注意力来增强并扩展觉察的能力。我们留意到意识的"层次与种类"。我们也开始对自己的意识有所觉察。由此，新的智能或者整合开始形成。

你会发现这两本书对练习正念和了解自己的思维活动非常有帮助。书中的图形系统可以作为指引方向的罗盘。如果说"思维活动"是一个流动的过程，像大海一样有潮起潮落，那么，你可以用书中的四象限动态系统建造一艘小艇。同时，开发出你自己的罗盘，掌控你自己的船舵，航行于大海之中。在好奇心与注意力的引领下，动态智能就此展开。

图形为扩展觉察提供了有力的帮助，因为它可以让我们通过思维的视觉化，于无形中带来全新的洞察与直觉。于是，我们可以在自我探索中超越预设的感知与习惯的假设。我们的规则就是让所有图形尽可能简单。

扩展整体意识

每当我们同时看到四个象限的视觉呈现并欣赏其平衡之美时，我们的注意力就会转移到四象限的整体性（wholeness）之上。这是通往更广阔觉知的捷径。只要看到整个系统的平衡与完整，我们自然就想进一步探索。探索内在的平衡与整体性是四象限思维的根基。

生而为人，不可或缺的一部分是对整体的感知，将注意力聚焦其中，随后又延伸向外。在这个过程中，觉察之花缓缓绽放。回想一次清晨漫步的场景。想象一下，你正走在一条森林小径上，发现一片开阔的绿草地。难道你不是先看到一整片草地，发出由衷的赞叹，然后才留意到局部的细节，留意到周围的花草？

当感知到整体时，我们人类会本能地扩展感知，去欣赏这种整体性。这进一步激发了我们继续探索的渴望。对整体的了悟让我们看到更深层的完整性。我们自然会陷入沉思，或顺势进入一个更大的系统中，再次朝着下一个阶段的系统整合继续探索。随之而来的，还有对内在一致性的领悟。

有意思的是，建立整体总览图是非常有用的。将整体图景作为探索的疆域，我们可以开始探究整体意识的本质。在这个游乐场中，我们逐渐放松下来，尽情玩耍，构建全新的现实。

四个方面

探究内在现实是一个有趣的过程，因为我们正在观察整体意识的核心。人的本质在于建立一致性。为此，我们既要查看地图，也要体察疆域。有趣的是，当我们探究至少四个方面时，会形成某种磁场。通过扩展注意力和思考一致性，系统中开始出现某种不可或缺的事物，即整体性。我们将注意力从细节转移到整体上，但现在整体中也包含了所有细节。此时，思维地图锯齿状的边缘正在消融，形成整体。整体性思考随即绽放，引向进一步的探索。停下来，用心感受。在这一刻，我们可以再一次延展。

想象自己站在世界的中心，放松下来，只是去感受（将视觉、听觉、感觉结合起来）。无论身处何处，我们都可以进入这样的体验中。让自己停下来，深呼吸，看见并感受到你自己正朝着四个方向延展，见图1.1。与此同时，关注你的内心世界。

我们在这里描述的是四象限思维的基本流程。这是所有探索的基础。我们可以扩展任何一种思维或"真相"，就像点击电脑桌面上的图标打开软件一样。你将扩展一个主题的四个主要领域，并加入一个中心视角和一个外部视角。即使整个过程只是呈现在一张图上，思维对整体的观察或体验也可以演变成一个能量系统，并带来自我觉察的进一步延展。

思维是探索现实的内在系统。随着你所能掌握的视角日益增加，内在成长也得以加速。你可以分别对不同视角进行测试，并将发现每个视角都可以用独一无二的方式扩展思维。

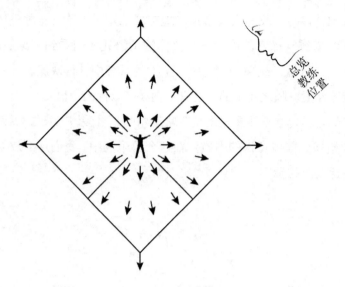

图 1.1　扩展整体意识

不妨将好奇心投注于此。四象限思维的基础是设定思维的初始总览图，相当于给思维拍了个"自拍"。然后是扩展思维的探索流程。之后，我们可以用另一张"自拍"来替代初始图像。这是一个持续迭代的过程。

应用四重视角

思维是探索现实的内在系统。随着你所能掌握的视角日益增加，内在成长也得以加速。你可以分别对不同视角进行测试，并将发现每个视角都可以用独一无二的方式扩展思维。我们即将探索的每个象限都提供了获取洞见与体验内在智慧的不同方式。

你可能会问，四象限视角如何带来整体意识的扩展？主要问题是：我们如何在各个层次和视角之间切换？不妨试一下：

· "单一视角"的系统只能带来一种意识形态。

· "双重视角"的系统通常互相挑战，导致冲突。

- "三重视角"的系统开始出现总览教练位置，但通常需要花费很大的努力才能在思维扩展的过程中保持平衡。
- "四重视角"的系统提供了足够多的视角，让我们在保持平衡和学习的同时不断向前进发！

多重视角之间的关系很像管弦乐队演奏的经典交响乐。我们可以体会乐器、乐手、指挥家和乐曲本身之间的密切关联。这创造出极为丰盛的视听体验，远胜于四种元素单独呈现的效果。同样，通过四象限感知系统，我们可以同时从至少四个不同的方面进行思考，就像音乐一样，以富有意义的体验带来思维的扩展。具体来说，我们学着在不同的象限之间来回切换，直到能够同时倾听和观察所有象限。当我们可以同时激活所有象限时，思维的乐曲也变得悠扬流转。

想象一个游戏玩家，他有一个四象限游戏面板。这个玩家不仅在玩"外在游戏"，也在玩"内在游戏"。思维活动的多维度总览能帮助我们将同样的体验扩展到整体体验之中。现在，想象一个操场，其中有比赛场地、人行道以及其他各种各样的游戏设施。再想象这里正在举办一系列游戏或比赛。

无论是"比赛场地"还是"游戏面板"，在你刚刚设定的结构与流程中，你是一个怎样的游戏玩家？你将如何设定意图，制定策略？我们面前再次出现一个高度协调统一的图形系统，它由四个截然不同而又互为补充的象限组成。我们很快就会知道，如何用四象限思维地图来锻炼觉察的"肌肉"。

四象限的优势是什么？当你掌握了系统思考的精髓，你就可以在其中获得设定深远意图的能力。意图可以编织出协调一致的愿景。你学着使用四象限系统来思考，通过用心感受，逐渐学会在对其保持觉知的同时，成为整体系统本身。整体系统随即开启，不断生长。这就是所有法门中精炼觉知的核心要义。

掌握四象限思维的关键是保持对所有象限的关注，并同时激活四个象限，尊重它们之间的关联。我们可以在意识的不同象限间进行切换，但为了真正地自我发展，我们要尊重意识的各个面向，因为每个面向都与四象限的原则及实践相互补充。我们将在自我发展的过程中发现四象限之美，并在实践过程中不断完善它。

首先，你无须尝试消除经年累月的负面想法，因为专注于旧的思维方式只会让负面想法变得更加强大。其次，你可以进行整体思考，使用平衡的结构来提出深刻的内在问题。这足以让你超越只见树木不见森林的论断。

四象限图

创造内涵丰富的四象限视觉图，从中逐渐构建自己的内在地图系统。这样的做法解决了大多数人的两大困难：一是深陷于负面想法；二是思考过于片面。首先，你无须尝试消除经年累月的负面想法，因为专注于旧的思维方式只会让负面想法变得更加强大。其次，你可以进行整体思考，使用平衡的结构来提出深刻的内在问题。这足以让你超越只见树木不见森林的论断。

四象限图让我们既能感知到内在的整合，又能体会到外在的平衡。感知的力量推动着我们走得更远。

· 你将学会发展双重的观察者位置。
· 你将学会将思维地图变成问题清单，向内问出强有力的问题。
· 你将有能力超越既定的思维模式，甚至超越思考过程本身，进入觉察的内在空间。我们将其比喻为"量子意识"。在这种意识状态下，你可以同时连接与扩展很多方面。

看见各要素之间如何互补有助于了解并欣赏创造的过程。我们可以问："这些方面如何对整体做出贡献？它们之间如何联系起来？这种联系是否完全平衡？"

解决这些问题须应用四象限思维，有助于提升并整合我们的理解力。于是，我们既可以保持灵活，也能在自我探索的浪潮中保持平衡。

让我们来总结一下，四象限图究竟如何激发人们获得全面的理解。你将提升自己的能力，可以把任何整体系统视作互为补充的思想组合。只要你在寻找，你就会看见。你将发展出全新的整体思维。

投入与抽离的练习

双重的观察者位置[4]是什么意思？投入像是从任何系统内部感受与观察，放大并欣赏极致丰富的体验。抽离是在系统外部看到全局。当我们既能够从内感受又能从外观察时，这样的体验将为自我观察带来互为一体的探索空间。每一次自我探索，都像在与一位神秘舞伴欢快共舞。

图 1.2 是投入与抽离的一个简单示意图。马上体验一下。

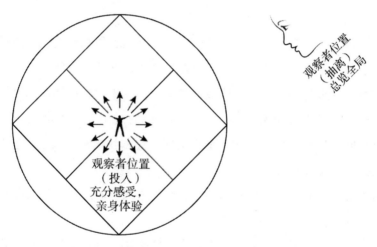

图 1.2　内部与外部的视角：投入与抽离

投入与抽离的教练位置的示意图可以让你对此有直观的了解。让我们从投入体验开始。想象你正身处一场嘉年华活动中，到处都是喧嚣的人群与精彩的表演。如果可以的话，让自己完全进入这个场景中，闻一下奶油爆米花与热狗的香味。或许你还会听到汽笛风琴演奏的节日乐曲、人们的欢笑声和孩子们蹬车时发出的笑声。你看见有人跑去玩过山车，于是也兴冲冲地走过去排队。在你身后，许多人也兴奋地等着。

队伍移动了，你终于走到了售票亭跟前。你买了票并坐上第一节车厢。服务员为你扣上了胸前的金属护具。现在，你可以感受到它在你身上的抓力，也

要留意总览全局的抽离体验与参与其中的投入体验之间的巨大差异。每一种体验都让我们获得了明显的觉知。

预想到过山车离开停靠栈道爬坡的场景。

在过山车启动时，你感觉到自己的身体在放松。夏日的微风吹拂着发梢。你留意到当过山车开始爬坡时，所有对话都停下来了，所有人都被一个哗啦作响的大滑轮拖拽着。投入其中，尽情感受！把视野扩大到整个游乐场。

现在，切换到一个 30 米开外的抽离视角。在这里，可以看到坐在第一节车厢里的你，看见你的头发被微风轻轻吹拂。观察一下，在过山车缓缓爬坡时，你的身体姿势是怎样的。从这里，你仍然可以听见大滑轮拖着小小的车厢爬坡所发出的哗啦声，也可以看到自己在过山车上看着脚下一片狂欢的景象，看向下方的人群。过山车越爬越高，越爬越高，直到顶端，你看见自己正享受着这一切。

现在，再次回到投入体验中。过山车已经爬到了顶端！就在那儿！你就在最顶端！感受一下！你在第一节车厢里四处张望，突然，你低下头，看到几乎垂直的陡坡。你感受到自己的身体被护具压着，如果没有护具，你可能会直接掉下去。这一刻竟是如此漫长。突然，你身下的过山车剧烈运动，直直往下冲！向下！向下！向下！周围的人都在尖叫！你都快被甩出去了！感受一下！紧紧抓住护具！投入其中！

要留意总览全局的抽离体验与参与其中的投入体验之间的巨大差异。每一种体验都让我们获得了明显的觉知。

我们都知道如何通过切换投入方式来改变想法。有意识的切换让我们对自己的习惯有所觉察。真正的挑战在于学会有选择地切换。学会自由切换的具体做法，将体验从"拇指大小的图标"延展成可参与其中的觉察空间，这让四象限思维变得意义非凡。你可以通过本章末尾的投入抽离练习 1 再来体验一下。

通过图形，加深理解

理解（comprehension）是一个非常有趣的词。当你"理解"某个事物时会发生什么？你通过"抓住"（prehending）[5]想法之间的脉络来理解它们。我们可以用刻度尺来辅助词义理解。当我们在理解某个概念时，理解程度从一到十或从低到高逐渐提高。这意味着超越那些狭隘而肤浅的想法，超越当下的思维定式，从更广博的直觉出发，进行整合的探索。我们可以逐步将这种更加广阔而全面的感受融入所做的每一件事中。

理解意味着学会投入或抽离于思维活动的不同方面。我们将这一更宽广的观察过程称为沉思。我们甚至可以走出去，站在外部，思忖接踵而来的想法与感受。注意力的过山车可以通过获取不同视角而迅速转向，但我们仍然可以保持对这一切的理解。我们可以用隐喻来将逻辑系统整合到更广阔的感知中。比如说，我们像火箭一样直冲至意识的平流层，也可能上升到温暖的价值观大气层中，或者像潜水艇一样深深下潜，直至下潜到可以探索各种各样的"思维洋流"的深度。这也就是说，我们可以学会在任何情况下都能保持中立的教练位置。

全息图

花点时间来观察一张全息图，可能你的信用卡上就有一张。全息图是通过一种特殊的摄影技术创造出来的立体图像。利用金属板反射光线的原理所生成的全息图不仅是多维度的，而且有一些令人惊奇的特质。这类图像的独特之处就在于，其任何部分或碎片，无论多么小，都是原版在 3 个维度上不断缩小的、完整的微型图像。从不同角度看这类图像，图像都会随着角度发生变化。全息图是想象无垠的方式，也是看见无穷的方式！

同理，自然界的所有组成部分，无论大小，彼此间都互相联系与交融，形成了整体。起初，任何"图像"都只有"模糊的意象"。这就好比美丽的分形图，其非线性的数学图形中展示出了深层次的智慧。我们可以看到，这些含义丰富的、有深层智慧的图形像俄罗斯套娃一样组合在一起，一个嵌套着另一个，但每一个都独一无二，见图 1.3。

通过将全息想象力投射到一个简单的图形上，四象限探索可以帮助我们进行自我探索。它带来了一种触及内在智慧的简易方法。这不只是一个数学图形，而是一个充满智慧的设计。

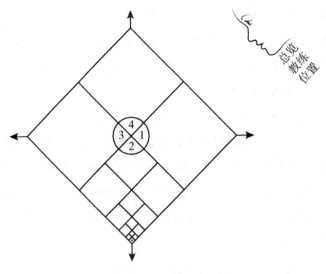

图 1.3　全息图

全息摄影真正让人着迷的地方在于，把一部分图像从全息图中掰下来放在光线之下，仍然可以观察到完整的原始图像。可能稍微有点模糊，但是每个小的组成部分仍然包含整个图像。如果从这一个图像中掰取更小的一块放在光线下观察，令人惊讶的是，还是会看到整体。它可能更加模糊，但仍然呈现出了原始图像的完整画面。你可以继续掰，直到最后留下非常微小的、难以辨认的微粒为止。想象一下陆地海岸线的数学分形图，从极大变到极小的、无限重复的数学图形，这也很像人类的 DNA 地图——每个人的整体模型就在每一个细胞中。

通过将全息想象力投射到一个简单的图形上，四象限探索可以帮助我们进行自我探索。它带来了一种触及内在智慧的简易方法。这不只是一个数学图形，而是一个充满智慧的设计。我们可以轻松获得多元而全面的理解，并随着时间的推移不断整合。而且，不同于智力，智能还包括发展内在的感觉与视觉观想。智能的发展需要临在、好奇心和心脑连接。凭借内在的智慧，我们可以在四象限系统中问出强有力的问题。越是向内探寻，我们就可以了解越多。探索不再局限于从一方田地到另一方田地的跳转，而是在整合思维的沃土上看到同时迸发的心流。感知得以被精炼。我们开始在智慧"全息图"中探索各种各样的内在联系。

随着对思维及其"运作模式"的全面了解，我们逐步建立起心脑连接的内在系统。我们可以感知到人生体验的不同层次与面向，并有能力领悟这些体验的内在意义。通过绘制思维地图、用心发问与深入挖掘，更广阔的自我觉察变得触手可及。

整体之美

因为意识本身是狭窄的，一次只能容纳 4 个信息组块[6]，因此，正如这两本书中所展示的，我们要让四象限图这个思维入口保持简单。虽然这些图非常简单，但如果你把每张图叠加起来，将它们整合为一个系统，这两本书及附录中的图就会帮你发展出自我探索的方法，让你深深扎入意识探索的海洋中。

一旦养成了四象限思维的习惯，你会爱上在四象限系统的帮助下获得的深远而又实用的思考。你学会欣赏意识的"缩略图"，将其视为通向无限的路径。再用思维地图形成问题框架，你将学得更加深入。

理解的意思是"顺着条理了解"。当你开始用四象限图来深化多面向、多纬度的意识时，你就超越了自我认识的情绪泥潭和过于简化的假设。你学着"顺着条理了解"你自己的完整性。你不仅发展出了深入思考、真切发问与自我探索的能力，了解了自己更为广阔的生命，而且变得更加聚焦，同时仍然可以平衡内外在的自我观察。你可以为自己的成长赋能。

你可以循序渐进地开启自我探索。你听到这个关于整体的"更广阔的意识"的表述时，花点时间来思考一下，对你来说，整体系统觉察究竟意味着什么。我们通过寻找整体之美来打开内在感知。注意力在哪里，我们就会在哪里打开更多。

总结一下我们即将探索的几大内容。我们将用四象限模型[7]既投入又抽离地探索思维及"思维活动"。四象限系统带来了一种简单有效的方法，可以让我们轻松获得更广阔的视角。一开始，我们很容易沉迷于惯性感知及其所呈现的错误表象中。我们可能会深陷于个人情绪中，比如傲慢或愤怒，从而夸大感知与情绪的关联及其重要性。我们可能会认为所有人和所有事都是自给自足、相互隔离的个体。通过使用四象限工具，这类旧的感知将融入更大的、互联互通的感知系统中。在这个系统中，它们的存在微不足道。

明确你的目标

我们邀请你用这两本书来发展自己的深层智能系统，即你的思维框架。这样一来，你就可以从这两本书中收获许多不同的成果，并在不同层次上培养自己的能力。

· 在你生命中不同的内容领域，使用两个截然不同的视角。你可以从不同角度来看待思维。你将从静止的思维"自拍"转变成探索思维活动的动态流程，开发出包含思维活动基本要素的"思维指南针"。你会发现细微的"思维惯性"，并知道如何在思考过程中应用教练位置。

· 在思维结构上，有微观的思维指南针、加强状态的工具、欣赏价值观的扩展流程等。所有这些理解框架都会带来思维自由度的提升。

· 沿着思维扩展的基本维度，发现探索的内在流程。

· 找到思维的基本形态与内在流动。

在这两本书的附录中，有更多关于内容、结构、流程及流动的内容。

第一辑和第二辑的内容按照四象限结构分为四个部分，如图 1.4 所示。

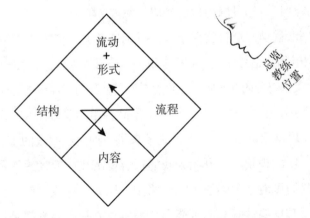

图 1.4　思维探索的内容、结构、流程以及形式

在这两本书中，我们将踏上三个隐喻式阶梯，进入思维扩展的旅程，见图 1.5。

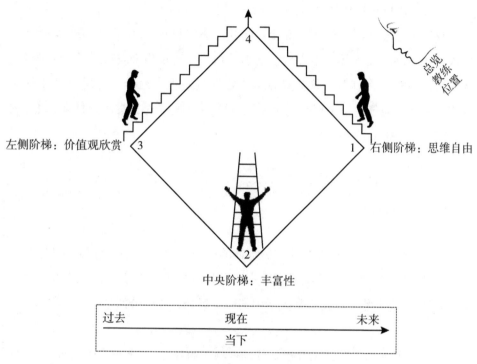

图 1.5　思维扩展的三个阶梯

中央阶梯：中央阶梯的丰富性主要是思维状态变化所带来的直接体验。第一部分的其余章节将专门介绍中央阶梯的内容。

左侧阶梯：左侧阶梯主要是在关系与价值观欣赏中的思维发展。我们用扩展流程来打开这扇大门，并在投入与抽离之间来回切换。第二部分的所有内容将从价值观欣赏的不同方面来展开。

右侧阶梯：最后，右侧阶梯的主要内容是，有意识地提升思维自由度。这一部分内容围绕着 4 个主要的思维进化系统展开，我们称之为图式 A、B、C、D。第二辑第三部分具体描述了这些思维地图及其应用。

融合点：第二辑第四部分专门介绍了整合真相的力量。三个阶梯在顶端的整合象限中汇合。随着内在智慧、深层觉察与思维自由日益增长，我们将看到我们致力发展中立的、持续扩展的全观视野，以及随之而来的和谐与平衡。由此，我们发展出稳定的双重教练位置，或者换个说法，我们得以扩展内在疆域，以获得实践的启示。

思维持续发展演化的全息图。我们致力发展中立的、持续扩展的全观视野，以及随之而来的和谐与平衡。由此，我们发展出稳定的双重教练位置，或者换个说法，我们得以扩展内在疆域，以获得实践的启示。

我们用思维地图开始第一部分的内容，探究观察思维的不同方式。我们将投入思维活动的投入体验中，也会基于外部的抽离视角来观察思维。你将学会四象限思维的相关流程。换句话说，你在探索过程中踏出（动词）的每一步，都将指引你走向新的思考层级（名词）。投入其中去尝试，抽离其外来总览。注意：图 1.5 中有 3 个"出发点"。

投入抽离练习 1

你可以用自己的两分钟经历来体验一下这个投入抽离练习，可以是周末散步或运动，或是洗澡、洗头、梳妆打扮等日常事务，再或者只是在家里做些家务。找到日常生活中的一个场景，并充分回想：

- 从投入的身体感觉开始。仔细回顾你的经历，"重新感受"它。
- 进去后又出来，投入后又抽离，在其中感受，然后在外面观察；你可以凑得更近，也可以离得更远。
- 留意不同视角如何激发你的兴趣。在练习时，你正在发展一块重要的思维"肌肉"。
- 接下来，用一个需要更高投入度的挑战经历再来做一个练习，比如从很高的跳水板上跳下来，在山上徒步或学习一些舞步。分别在投入和抽离的位置上给自己 30 秒钟的时间。让自己再一次在每一个视角充分体验。逐步让整个场景向不同角度延展开来。带着你的觉知，你发现了什么？

第二章　为什么用菱形来探索智能

画出思维的好处

需要强调的是，我们在画图时必须从全局来思考。这跟在纸上用字母写出一个英语单词一样简单。当我们用图来进行思维探索时，每一张图都会变成思维的放大镜。图形或符号是意识的缩略图，就像手机上的图标一样，需要"点击"才能打开。

四象限图对思维探索者来说非常有用。"把思维画出来"看起来是一个奇怪的练习，但图形确实可以给我们带来深刻的洞察。要想知道"思维是如何运作的"，我们既要向内深入探索，又要在外部教练位置上总览全局——这让我们的整个探索过程精彩纷呈。顺着其中的脉络，我们将连接到整体，就像在摩擦阿拉丁神灯，为的是召唤出瓶子里的精灵。

当我们要表现互补的想法时，图形是特别有帮助的。互补意味着什么？正如通常在两难选择中所见到的那样，任何互补都有两个方面：

1. 一个方面无法脱离另一个方面存在；
2. 你不可能同时与二者产生联系。

从总览视角来看，这是优美而又互为整体的悖论。看到这个美丽而互补的结构意味着，每当我们"从外向内"看任何一个思维系统时，我们都会意识到更大的系统总是包含互为补充的两部分。带着这样的意识，我们在观察日益生长的生命系统时，就会有更多领悟与体会。将互补的双方联系起来的想法将引发思维的"流动"，好比河床孕育了在其中流淌的溪水。这股溪流在河床中流淌，又继续滋养着新的河床。我们开始更全面地思考。互补的思想通常看起来像悖论或彼此对立的观点。如果你能将它们视作整体，就会培养出很强的能力。

互补的思想为我们在思维的内外部进行平衡的探索提供了框架。它们就像心脏的跳动一般，或是呼吸时肌肉在扩张与收缩之间的运动。

更大的四象限"容器"就是一场舞蹈，引领我们关注超越舞者本身的世界。我们可以看见，思维系统本身的复杂性与内在意义远远超出了其中任何一个要素的实际内涵。大脑中的连接体"白质"，隐喻地反映出了这一点，因为白质使所有神经元能连接神经系统与通路。

通过将思维作为一个整体画出来，我们可以看见其中不断变化的互补关系。通过画出整体，我们可以从个体思维转变为整体思维，也可以从个体的教练位置转移到整体的教练位置。我们的理解开始超越原本为"实际目的"而建立的时间／成果框架。我们可以把这简单地想象为，整体世界纷繁的内在秩序远超肉眼可见的具体事物。因此，我们可以让自己延展到更广博的疆域中，理解更深层的意图。至此，我们会发现，"意图之舟"正穿越不同的时间光景，航行于自我认知的海洋中。

让我们总结一下。只要画出整体系统，我们就可以从外部观察。和所有思维地图一样，四象限图的设计旨在利于实际应用。有了它，我们可以脱离任何想法，对其进行概括。虽然这些想法非常鲜活，看起来已经非常完整，但仍有很大的成长与改变空间。

通过思维地图，我们也可以进入这个想法。我们可以从内部发展这个想法：改变其大小，想象它在不同阶段的样子，再站到外面观察它各个阶段的发展，然后又走进来，再一次感受它。这让你可以发展出自我觉察的能力，而不是受限于时刻都让你信以为真的那些想法。

全息图非常有趣，因为你可以用它来提升自己的理解水平，从 1 分提高到 10 分，甚至在理解复杂情境的细节时也是如此。

思维地图为我们广泛的自我认知提供了通道。如果你可以使用它，放下它，然后换种方式再次使用。这样，你会越来越了解它的用法。要灵活应用，而不是死板地按步骤操作。举例来说，你可能习惯采取某些视角，习惯评判好坏，或总是陷入某种旧情绪。用整体思维图来扩展这样的惯性认知，你现在就可以

首先，我们要看见大海；接着，我们将潜入大海；最后，我们也将成为大海，成为这个整体！

改变视角，丰富自己的生命体验！

你可以在图中把那些带来恐惧或其他负面想法的声音画出来，看它们在更大的思维系统中如何变得越来越不那么重要。投入和抽离就像两个舞伴，每个舞伴都是这场舞蹈中不可或缺的部分！在一个图形系统中同时看见各种互补，让我们得以参与其中，感知整个系统。

通过启用这样一张涵盖整体的思维地图，我们自己更深层的觉知就会有所响应，并开始呈现我们孜孜以求的内在智慧与平衡视角。首先，我们要看见大海；接着，我们将潜入大海；最后，我们也将成为大海，成为这个整体！

四象限图：菱形的启示

不同的几何图形会引发不同的思维进程。当你开始探索时，留意哪个图形更能激发你是非常有帮助的。你可以将这些图形作为思维导图，探索对你而言意义深远的问题，以获得洞见。

许多基本图形都可以帮助我们思考，比如圆形、等边三角形、十字形、菱形、螺旋形等。我们还可以使用可移动或可延展的图形，比如树状图或"移动"箭头。

一些基本的几何图形，如圆形、正方形、三角形，在所有内在探索中都有不同的含义。每种图形都可以用来作为全局图或思维游乐场，帮助我们以完全不同的方式进行思考。因为它们是平衡的，所以很容易将它们划分为不同组块。每种图形都为思维扩展带来了不同视角。每种图形都有带来深层觉知的独特方式。对思维来说，每个图形都是一个象征，可以在脑海中引发强有力的动态进程。（见附录 D 图形与符号中的探索练习。）

在世界上的每一种文化中，单条螺旋曲线意味着更新与持续探索。两条线的十字往往是平衡连接与深度关联的象征。三条线的等边三角形表示朝着目标攀登的过程。四条线的正方形象征着稳固，某种基础且不变的事物，像砖头一样。

我们是天生的系统思考者。通过投入与抽离的练习，我们可以学会探索超乎想象的遥远疆域。

请注意，一个"点"，比如这一页中的句号，也是一种基本图形，而且具有非常有趣的特质。举例来说，它可以延展成一个圆，然后继续延展到更加宽广的空间中，好像完全没有边界，这代表着广阔的统一或整体性。在这样的内在变化中，我们可以提出问题："这个点的意义是什么？"随着符号的延展或收缩，我们里里外外地观察自己的想法。我们可以找到其中的模式、其中的全息图，将其作为一种获取深刻理解的方式，进入"形式中的运动"（in-form-motion）区域的中心。然后，它将成为我们"已知"世界中的信息。其大无外，其小无内。[8]

塑造思想

在生活中，四边形通常被画成砖头一样的长方形或正方形。这在意识形态的世界里非常普遍，因为它们很容易制作。它们随处可见，从户外广告牌，到各类标牌，再到报纸广告中的"框框"。

咨询师经常用像砖头一样可靠的2×2矩阵来打动他们的客户。这些矩阵通常看起来非常吸引人。2×2矩阵还可以用来表示各种简化版商业思维。咨询师也经常用2×2矩阵将我们的"性格"分门别类。

在四象限思维中，我们将用非常不同的方式来使用正方形，为的是创造出动态的意识流。让正方形立在其中一个点上，让它变成"四维的游乐场"。带着总览全局的意图，我们创建出了一个正在变化的系统。

我们是天生的系统思考者。通过投入与抽离的练习，我们可以学会探索超乎想象的遥远疆域。潜意识喜欢平衡的、优美的且同时可以展示出整体复杂性的事物。这是想法的河床，孕育着各种易变的、不确定的、复杂的、模糊的想法。而且，我们可以塑造所见之物。

一旦你定义出"思维游乐场"，将其作为平衡而又不断变化的关系网络，你的潜意识，即更深层的觉知系统，自然会开始在其中探索。伴随探索的进程，四象限也会发展出各种各样的思维结构。于是，你的四象限图将变成思维的房

正方形往往会让人觉得"已经完成了"，而这不仅影响了问题的生发，也阻碍了人们进行更深入的探索。

间或空间。不妨走进去感受一下，就像走进一栋建筑物一样。这意味着你可以投入其中，感受你自行定义的事物。你可以带着全然的感知逐步深入探索，分别或一并感受各个象限。通过投入的练习，你也可以学着使用此技能进行自我发现。

探索思维的图形

35 年前，当我开始用图形来探索思维时，主要用的是正方形和长方形。正方形的结构性框架有助于深入而全面地探索任何一个想法。除此之外，它们有一个非常明显的特质，即坚实而稳固。实际上，任何使用过并思考过其隐喻的人都会注意到，用正方形来思考就像在建造一栋大楼。砖头是大楼的根基。事实上，正方形非常适合用来想象实在的事物，就像结实稳定的建筑物结构一样。或者想象一下《我的世界》这款在 21 世纪深受青少年喜爱的网络游戏。

四四方方的图形的确能促进结构化思考。这在你需要脚踏实地地思考时非常有用。然而，正方形并不总是一个适合进行探索的思维框架。特别是，它阻碍了创造力的出现，因为一个砖头一样的正方形，移动起来实在是太慢了！

这就是以正方形为基础观察想法的最大困境。正方形往往会让人觉得"已经完成了"，而这不仅影响了问题的生发，也阻碍了人们进行更深入的探索。在还没开始用菱形来协助全局思考前，我有时看着那些想法，觉得"就这样了"。正方形会带来这样的联想。

长方形与正方形所带来的"已经完成了"的联想对探索来说是很大的阻碍。幻灯片中的图表就是一个例子。人们通常将文字或图表放在长方形的框框中。我们经常看见文本框中排列整齐的关键点，每一点前都有一个点符，这无形中带来了权威感，也让人感觉结论已经生成。人们看待事物的方式也是如此：现实坚如磐石。我们对这样的思维习以为常，因为我们总是试图让自己务实、脚踏实地，或接受既定的现实。我们认为文本框里的想法是确定的，而特意标注的部分是比较特别的。人们很容易接受这样的想法，把"难以改变的结果"当作"既定现实"。世界上的各种喧嚣拖拽着我们关注外在，而非内在。

相比之下，如果你观察思维每时每刻的运作，总是会发现波浪一般的漩涡。我们创建出"思维运作"的模型时，总想进一步探索其流动与流程。高深莫测的思维总是在运动，像宇宙一样，从夸克到星系，无不在运动。从最抽象且兼容并包的层面，到最具体且易感知的层面，思维总是在运动之中。为了探索这运动不息的思维，我们需要用白纸上的线条作为隐喻和图形，将我们带入这一动态进程中。如果把自己的思维系统画成砖头，那我们的探索恐怕只能停留于最基础的物理层面。

菱形的象征意义

如何将平面二维图变成具有强大动态势能的符号？如何将一个系统转变为潜在的流程，并用这个流程开始体验？我们需要用一种简单的方式来纵览多个方面的变化。

在这两本书中，我将菱形作为图形隐喻，用它表示总是在变化的整体思维。你会发现，从某种角度而言，这是一个"标准的正方形"，象征着"既定现实"，但它倾斜地站在一个角上。这是一个正方形，但它似乎在移动。

为什么这个形状最适合探索？要想解决这个问题，我们先思考一个问题：菱形给我们的启发是什么？我们让正方形站在其中一个角上，它就变成动态的、流动的菱形。当它沿着四个角不断旋转时，它可以超越自身的边界，延伸得更广。菱形有四个能触发新视角的"引爆点"，让我们可以既抽离又投入地观察整体思维。这样，在思维高效运作的同时，我们仍能保持与内在稳定性和整体性的连接。菱形可以很好地表现出思维的运动。

看向菱形的中心点。你会注意到它是如此引人注目，因为它是离心运动的中心。此时，我们可以问出那个关键问题："这个点的意义是什么？"

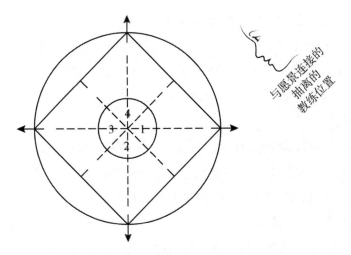

图 2.1 菱形的象征意义：变化中的整体性

对任何一个几何图来说，有帮助的是，注意到一个倾斜的正方形很容易被看作一个可移动的正方形，注意到"无变化的变化"与"无选择的选择"中交相呼应的矛盾统一。这种矛盾统一将我们带到思维的基本悖论之中，其中充满了诸如粒子与波那样的矛盾统一。当我们探索矛盾的其中一方时，另一方便会从视野中消失。我们体验到恒定不变的法则，但矛盾的是，它总是在变化。在菱形中，矛盾双方同时存在。

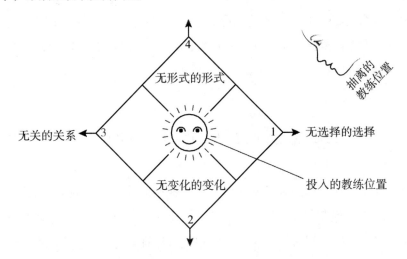

图 2.2 整体思维：既矛盾又互补的系统

> 思维看起来总是不变的，但实际上，它总是在变化。人类的存在，所有的生命，都是能量！要想将能量转化为动能，需要计划与势能，需要扩展的眼界，需要平衡的感知。

有意思的是，菱形可以将根基与运动融合在一起，与人类的栖息地类似。在这之上，既有身体又有行动，既有名词又有动词。思维看起来总是不变的，但实际上，它总是在变化。人类的存在，所有的生命，都是能量！要想将能量转化为动能，需要计划与势能，需要扩展的眼界，需要平衡的感知。这是舞者与舞蹈之间的融合。

菱形让我们可以连接到自己的创造意图，从而超越惯性或固化的思维习惯。在四象限系统中，菱形的四个角将我们拉向矛盾的对立面，体现出互补关系的对比。然而，在这样的对比中，曾经在单一象限中塑造出来的真相，或者让注意力分崩离析的意识，都融汇成一股有意义的连接波流。总览全局让我们可以获得鲜活而有意义的感知。接下来，我们就可以用好玩的组块、箭头和可移动符号来装点这个图形。有了这些，我们就可以用开放式问题轻松启动思维探索之旅。你可以画出自己的"价值观思维"。这个不断变化的价值观基础将随着由内生发出的问题与洞见发展。

带着菱形的意识，你可以在不停歇的思维活动中保持平衡。观察者变成冲浪者，在总览全局的冲浪板上保持平衡，总是可以撞进全新认知的交互网络中。只要你能问出经过深思的开放式问题，就可以让所有面向永恒地延展。新的觉察顺势浮现。真的是太棒了！

我一直都用四象限模型来进行自我探索，由此发现了生命的不同面向。它让我可以一直保持清醒，保持探索的热情，并在过去的35年中，发展出了许多版本的"量子游乐场"。

超越静态的信仰，走向动态的智能

当今世界上到处都是满怀期待的信徒，他们的思维模式通常是局限或固化的。人们总是希望获得稳定而坚固的现实，像城镇、政策与制度那样的现实。他们希望"一定的意识形态"像一套简单的程序那样把事物捆绑在一起。他们认为自己想要方方正正的、稳固而完整的思维。但是，"稳固"无法让我们得到发展，也不能滋养我们的内在成长。如果我们想要找到让自我得以成长的内在世界，那么，对游戏的规划本身也是游戏的一部分！要知道，我们一直在与整体思维密切合作。

对可变思维的承诺有助于我们塑造思维，并探索可发展的智能。菱形可以划分为四个更小的菱形，而且可以全息图的方式继续划分为越来越小的菱形。在观察整体的同时，我们仍可以体验到丰富的细节。我们的意识可以像俄罗斯套娃一样不断延展。菱形可以划分为足够多的基本形态，而我们仍然可以在不同的思维系统间来回切换。你会发现，所有系统本来就相互关联。菱形提供了一个极好的框架，让我们可以由简及繁地探索思维流动之整体原则及其中的关联，还可以帮助思考者从全局上掌握整个思考过程。在四象限游乐场中，我们留下了对生命的思考，接收到了令人惊喜的愿景之礼。随之而来的，还有至上的智慧。

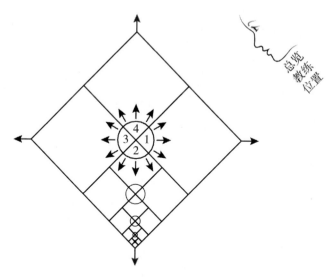

图2.3 全方位延伸的全息图

关于这两本书中所有的四象限图，我们有如下提示：右边的象限是第一个象限，标注数字1；下方的象限是第二个象限，标注数字2；左边的象限是第三个象限，标注数字3；最上面的象限是第四个象限，标注数字4。为了便于讨论，我们将在这两本书中沿用这些编号。

万物互联，浑然一体。我们与自己具象化的想法产生联系时，也是在建立大脑中的连接，建立觉知当下的神经元高速公路。我们抽离其外时，发展的是对所有可能性的全局观。

你会在第一辑和第二辑中找到这个框架的应用。有时，四象限外部画着一个圆，表示可延展的全息整体性。这个编号系统并非指代任何一个思维流程，而是用简单的数字符号来区分不同的象限。

思维的四象限模型非常有用。我们可以投入其中来尝试，也可以抽离其外发展总览全局的能力。万物互联，浑然一体。我们与自己具象化的想法产生联系时，也是在建立大脑中的连接，建立觉知当下的神经元高速公路。我们抽离其外时，发展的是对所有可能性的全局观。不同的思维地图可以帮助我们轻松地抽离与投入。我们的探索将从一个象限跳向下一个象限。学习的旅程，也如愿以偿地变得丰富多彩。

第三章　伟大的攀登启程

做一个小小的感知练习：

- 第一步：感受你的身体。感受你的内在。这会将你的注意力转移到感受上。以最投入的方式，注意到"此时此刻"对你来说意味着什么。花一点时间，从头到脚地感受。
- 第二步：伸出你的双手。在你最重要的长期关系中，感受你的"归属感"。在这一刻，感受生命中你所爱的人给您带来的温暖，感受你与动植物、甚至地球本身的连接。这是关系在当下给你的觉察。
- 第三步：关注你的生命意图及你对特定选择的追求对你的生命而言有多重要。在这一刻，激活你自己对未来的愿景，并注意到你内在觉察的另一个面向会立即出现，将你带入完全不同的意识疆域。
- 第四步：关注整体性。延展你的意识，直至囊括所有面向。请注意，在觉察对立要素——包括刚刚探索的所有方面——的同时，你实际上可以拥抱整体性本身的对立统一。感受整体性的延展。在这一刻将它具象化：举起双手，掌心朝上，感受"万物归一"！现在，感知到所有的对立统一融汇成一个整体，让四个象限的觉察同时向外延展。

思维的基本维度

我们在第一部分的目标是，开始探索一些能促进思维发展的主要流程与练习。我们找出了思维的四个基本进程，这让我们可以通过观察思维的全貌来实现其发展。

首先，我们假设思维的基本维度如下：

第一个维度是身体的。我们要在生活中做出对身体的承诺。通过培养身体感官的觉知，我们热爱生命并投入其中。

第二个维度是关系的。我们要在生活中做出对关系的承诺。通过增进对情感与关系的了解，我们学着热爱生命并投入其中。伴随着对共同价值观的珍视和对彼此成长历程的肯定，人类物种得以延续至今。

第三个维度是创造力的。我们在生活中寻找提升创造力的方法。通过开发在成长之初就发现的创造力潜能，我们思考人生并投入其中。

第四个维度，关于生命意义的延展与整合。我们将之前探索的所有维度整合到自我发展的系统中，这将继续推动我们的创造性发展。

前三个维度是儿童的基本生存技能。他们的目标是生存和茁壮成长。他们通过在这些领域中持续获得进步来学习。他们渴望把所有本领都学到手！青少年会继续这一学习进程，不断尝试发展自我，为的是发现自己的独特方式，将学到的知识融合到基本的"生存技能包"中。以这些能力为基础，他们可以开始独立生活。

儿童与青少年是专注的学习者。他们持续不断地练习着生存技能。成年人的目标则有所不同。成年人更深远的意图打开了思维的第四个通道：他们想让生命变得有意义。作为成年人，由于我们可以感受到命运的召唤，所以可以走得更远。就个体而言，我们的生命就像森林中的一颗橡子一样，而我们的自我却在四个维度上发展。这可能是我们自己都不甚了解的意图，但超越"自我与个体"的发展历程的强烈愿望却是真实存在的。在某种程度上，每个人都希望自己的生命能真正有所贡献。我们期待为这个世界留下真正的财富。

了解大脑

在讨论思维进化时，我们也有必要了解一下人类大脑本身。人类大脑与我们的思维系统大致对应、相互反映。我们可以把这四个维度视作大脑与思维系统之间的自然映射。

你是否深入了解过，自 1997 年功能性磁共振成像技术问世以来，特别是从 21 世纪初开始，硕果颇丰的大脑研究？其中有很多值得深究的内容。大脑的复杂性和最新研究的大量数据可能会让你望而却步。正因如此，在下一节中，我们将用简单的方式展开这个主题的介绍，即介绍几个大脑主要功能的简化版发展隐喻。

大脑发展的背景：大脑的意图

当我们开始研究大脑时，会发现什么？我们从四个独立且截然不同的发展情境来了解不同层次与类型的思维进程。这意味着，在探讨大脑发展时，我们可以开始思考思维的演化，并全面考量人类物种将踏出的下一步。

就大脑特有的感知系统而言，我们可以迅速总结出人类大脑发育的基本区域，目前它被称为"三脑系统"[9]。我们可以观察到，在超过一亿年的时间里，大脑—思维习惯与人类神经系统的发展历程之间如何紧密关联。

- 首先，从大脑中心开始，我们发现了网状脑干。它仍然不遗余力地保护着人类的身体。自一亿年前的恐龙时代以来，它几乎没有任何变化。它持续提醒着我们在身体层面的生存需求，比如口渴、饥饿、睡眠与性需求等。这是思维中最基本的生理维度。
- 接下来，我们发现大脑边缘系统或哺乳脑。即使经过多年的进化，这部分人类大脑与其他高等哺乳动物之间依然有 98% 以上的相似性。我们通常将其称为"情绪脑"。在很大程度上，这个相互连接的结构为大脑内部的连接点提供了动机中心，其中包含对家庭和社群的价值观动机。它旨在为关系智能提供支持，用于维持家庭的存在。情绪脑也是应激反应的中心。杏仁核——边缘系统中心附近的两个小豌豆状结构，与爬行脑相连。面对可能的危险，它会发出警告，并立即释放出战或逃的激素。

右脑可以同时支持多个全局视角和多个探索进程。左脑更注重细节的语言智能，侧重于日常需求和行动步骤的标准化。

- 从中间的脑干出发，经过情绪脑，再向外，我们会发现大脑皮层。大脑皮层发展出了人类独有的思维特质。这个左右脑系统与人类的语言逻辑、视觉逻辑和更深层的整合意义紧密相连。它整合并指引着大脑新皮层的视觉化功能，有播放抽离的"内在电影"的惊人能力，从而展现出未来的各种可能性。它非常复杂，而且可以将所有注意力凝结成系统性思考和创造力智能。大脑皮层具有强大的进化功能，包括创造了左右脑之间的复杂差异。它的功能是整体的，能在所有相连接的区域之间产生大量信息流。

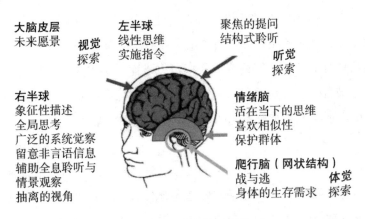

图 3.1　大脑系统示意图

关于左右脑差异性的研究成果印证了四象限图中从左至右的箭头方向，这是为了发展人类潜能而开发的。左右脑非同质性（non-laterization）体现出两个脑半球截然不同的功能。其中，右脑全局而整体的视觉功能是主导。右脑可以同时支持多个全局视角和多个探索进程。左脑更注重细节的语言智能，侧重于日常需求和行动步骤的标准化。左脑可以支持完成任务的既定流程，并坚决听从于与安全需求和情感需求相关的内在对话评判。一旦确定了方向，它就会遵循右脑的全局视角来制定行动步骤。右脑的任务是探索性的。右脑可以展望未来。

左右脑都与边缘系统（古老的情绪脑）连接。然而，胼胝体作为左右脑之间的连接体，经常会抑制左右脑之间的全方位联系。如果没有右脑富有意义的全局视角，习惯评判的左脑往往会占据上风，从而激活习以为常的注意力模式。

由于左脑的工作是细化日常的生活需求，所以它对杏仁核（大脑边缘系统的预警中心）传递而来的负面信息和神经反应更加敏感。它会回放细节，通常是关于过去的、判断对错的"录音"，并相信这些信息。它对任何感知到的威胁和担忧都高度敏感。来自过往信息的压力会损害工作记忆，并削弱大脑的决策能力。

右脑虽然占主导地位，但只有在放松、安全和充满希望的体验中，才会自如地分享更大的图景和"更大的梦想"。比喻、视觉化、好奇心、开放式问题和对发展创造力的浓厚兴趣能激发并稳定右脑产生愿景的过程。内在的探寻、意图的宣告与梦想的实践可以让左右脑所有区域建立起连接，获得更为深思熟虑的全局观，并从整体视角上制定明确的行动方案。

全局视野下的远见卓识重塑了人类的智能。你会发现，实践这两本书中的练习能让你摆脱过往情绪上的恐惧惯性。这些练习的目的是，在左右脑之间的胼胝体"分水岭"上建立起强大的连接。这样的连接有利于全局观的扩展，从而带来内在的力量，以及顺势而为与灵活应变的人生体验。

感知

我们大脑皮层的左右脑系统拥有强大的感知能力，能将全局与细节结合在一起。在许多生物学课本中，都有一张描绘出神经系统摄入区域不同"功能意图"（aims）的精彩图片。可能你之前见过图 3.2 所示的"脑脸"图。它细致地展示出了大脑皮层与前额叶的大部分脑区。这部分脑区专门负责眼睛、嘴巴、耳朵与手指的功能。

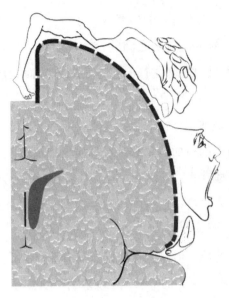

图 3.2 "脑脸"图

该图显示了大脑在多大程度上与丰富的视听感信息摄入相互联系。大脑就是为了丰富感知而设计的,其中的大部分区域就是信息摄入的区域与通道。实际上,前额叶的大部分功能就是有效地摄入、存储和检索与生存相关的感知信息。语言功能虽然只有 20 万年的使用历史,但已经开始配合前额叶的功能。因为大部分选择性的内在对话往往在重复过去的信息,只有通过练习,我们才能把全局且多方位的感知发展成更为全观的观察者视角,从而获得清醒的临在和相关的感官体验。带着好奇心与兴趣,我们可以将感知花园发展成丰富多彩的多维空间。

大脑之旅:四大核心智能

与三脑系统中的脑干(物质的)、边缘系统(情绪的)、对比鲜明的左脑和右脑一一对应,我们假设思维有四个维度:"物质的""关系—情感的""意图的"(想法)与"深层意义的"。

我们希望在推动自身思维进化的同时，也创造性地扩展自己的生命体验。

象征着进化智能的伟大攀登，不仅直接反映了大脑功能的演化，也映射着思维系统振奋人心的、整合式的发展进程。

生而为人，我们自然可以通过这样的对应看到生命的四个方面，也希望在这四个方面获得长足的发展。我们希望在推动自身思维进化的同时，也创造性地扩展自己的生命体验。但是，要想在这四个关键领域获得发展，我们需要用不同方式投入其中，而这些方式似乎彼此矛盾。

请注意，我们正在全息地讨论大脑与思维。我们假设思维进化的每一个进程都会促进大脑关键功能区域的发展，而这又给不断发展的生命提供了探索的通道与范本。在下一部分，我们将聚焦于人类通过这些感知通道进行的整合式内在进程。我们将用一个四象限系统来探索思维发展的进程，我喜欢将其称作四大核心智能。

四大核心智能是什么？首先，让我们来看看它们的功能。伴随着内在探寻，大脑中的感知系统会逐渐强化以下流程与发现：

- 首先，丰富的感知摄入，包括每时每刻的视听感嗅味、肌肉感知和内在感受。
- 其次，检索成功的社交经验，培养人际关系能力与惯性。我们每时每刻都在搜集有用的参考信息。
- 再次，通过预测未来和观想"下一步"的愿景，我们学会做出选择，并根据生命意图进行优先级排序。
- 最后，即使你可能没有注意到这一点，但我们确实总是在不断打磨并整合这些能力，直到提炼出"最佳实践"。生而为人，我们渴求更多，而这恰恰是对灵感的回应，既是在回应内在自我的探寻与愿景，又是在回应外在他人的需求与要求。生而为人，为了自身的发展，我们摸索着，持续探求着释放潜能的考验。

这意味着什么？显然，象征着进化智能的伟大攀登，不仅直接反映了大脑功能的演化，也映射着思维系统振奋人心的、整合式的发展进程。你会注意到前三个象限为灵感与感知的到来铺设了道路。我将前三个"大脑意图"分别命名为丰富性、体验感与重要性。

丰富性、体验感以及重要性是三个关键的"学习跳板"，引领着内在成长的发展方向。这些象限相互配合、共同发展，就像舞者与舞蹈一样。

第四个象限——共鸣感，是前三个象限的融合。人类思维中有一个天然的设计，既能持续提升人类在各个领域中的能力，又能从整体上释放潜能。前三个象限共同支持第四个象限的发展，第四个象限也以其特有的方式融合前三个象限，好比一种内外在的和谐。在这样的和谐中，我们逐步构建出全息的觉知系统，为的是推动个人与组织的长期发展。我们能感受到强有力的共振，那是一种自发的内在感知，或是对生命的爱。我们也将这种体验视为文化的涌现。

我们可以将以上这些过程视作思维的基本维度，将它们作为基本的思维空间来体验。我们也可以在简化的四象限图上呈现出这四个基本智能。无论如何，我们都必须了解，这四个思维进程紧密关联，仍有许多新元素会出现在这四个维度上。

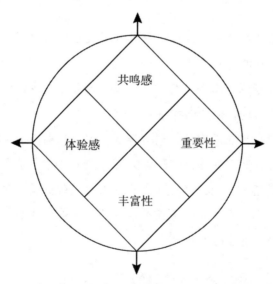

图3.3　向上、向外的阶梯——从四项生存技能到

四大核心智能：思维整体延伸的四个方向

图 3.3 展示了这个互为关联的系统。这也是可以用于探索的四项基本智能。首先，我们可以将它们作为基本的思维空间来体验；其次，这也是得到学习的核心区域。这是在人类发展进程中大脑—思维的四个基本功能，也是四个截然不同的发展方向。

发展你的人类思维

- 第一，你正在发展生理智能。正如第二象限所示，这部分智能与许多神经系统功能紧密关联，从古老的爬行脑和边缘系统开始，到发展出哺乳脑，再到出现越来越多的大脑功能。为了发展这一智能，你要充分感受自己拥有丰富感知的时刻。生而为人，在身体感知上，你喜爱的是什么？

- 第二，你发展的是情感—关系智能，即有效建立人际关系和发挥群体凝聚力的能力。关系象限是价值观发展的阶梯，连接着整个人类。关于你的家庭与文化，你喜爱的是什么？生而为人，在情感体验上，你喜爱的又是什么？

- 第三，你发展的是创造力与远见智能。这也包括音乐、数学与审美的智能。如第一象限所示，这将进一步整合你总览全局的能力，用强大的大脑来观想未来与下一步的行动步骤。创造力意图能够激活大脑皮层的左右半球，并组织其中的思维活动，但主要激活的是能够总览全局的右脑。

- 随着感知练习的深入，胼胝体（左右脑之间的连接部分）周围建立了大量的神经连接。以下章节的感知练习就是为了实现两个半球之间的交流，提供一种图像"语言"来帮助建立强大的非语言连接。然后，当我们问出开放式的计划性问题时，这种连接会贯穿整个大脑系统。我们的脑海中将闪现出各种各样的意图，我们也会有所顿悟。神经元产生了连接。在更大的层面上，寻求自由与更多选择的意图连接着全人类，而这一意图需要借助视觉图像来实现有效的沟通。对于自己憧憬未来并选择方向与行动的能力，你喜爱的是什么？

· 第四，你在发展一个共振系统，即内在现实的中心，我们称其为整体性智能——第四象限。这为整合的发展意识形成了思维矩阵，逐步让所有象限融为一体。共振是一个很有意义的词。想象一下，当吉他弦或颂钵产生共振时，声音不断扩展，你会留意到，"回声"的振频为我们带来了内在力量，也给我们的体验赋予了深远内涵。我们可以听出协调而共振的声音和不太协调的声音或音调之间的区别。我们与自己内在的一致性与完整性（悦耳动听的内在声音）产生共振，并学着感受这种完整性。由此，我们可以深刻体会到自己的内在智慧与生命真义。当你体验到自己的完整性时，你会有什么觉察呢？你又将如何体验这个寻找内在和谐的过程？

伟大的攀登

我们可以通过相关流程来总览这一趟伟大的攀登之旅。从大脑的四个基本维度到全思维发展的创造力自由，人类是如何发展的？

每个关键领域都需要不同的"参与方式"，这为每个在生命中探索的人带来了创造性张力。我们也可以把这些称为人类进化的四大阶梯上的第一个阶梯。每个人都用不同方式应对四个领域的挑战，但无论如何，每个人都必须勇敢面对，在生命中实现成长。

举例来说：你需要在每个领域发展什么？内在成长的进程如何为你展开？简单来说，每一步成长都会经历两个阶段：首先，设想自己想要什么——这是我们的"梦想加载器"。其次，思考一下，如果我们想以这样的方式活着，需要做什么或学会什么？这让我们开始了下一步的行动。

· 要想发展身体象限，我们需要的是什么？很简单，我们需要每天保持平衡、健康的生活，也需要时时留心身体发出的信号。

我们需要一次又一次地聚焦，才能让辨别的内在技能日臻成熟，足以在长期和短期分辨出对我们而言真正重要的事物。注意力在哪里，成果就在哪里。

- 要想发展关系—情感象限，我们需要的是什么？如果你在多种状况下审视自己的生活，衡量其中的价值观，那么，一个关键要素将跃入你的脑海中，那就是保持积极情绪！简而言之，我们只能通过由内而外地保持感恩与热情，才能发展关系—情感象限的智能。
- 要想发展找到意图并将其实现的能力，我们需要聚焦在重要性上，不是吗？实际上，我们需要一次又一次地聚焦，才能让辨别的内在技能日臻成熟，足以在长期和短期分辨出对我们而言真正重要的事物。注意力在哪里，成果就在哪里。
- 要想培养创造性地探索深层意义的能力，我们显然需要发展内在的整体协同，也就是与最强烈的内在生命意图保持同在的能力。这难道不会激发你的自我发现吗？

在这里，我们再次看到为内在成长而设的四象限系统。我们需要关注流程本身。同样，发展每个象限的流程也有所不同。第一象限，需要持续聚焦。第二象限，需要健康生活。第三象限，需要积极情绪。第四象限，需要整体协同。我们看到，动词与名词共同组成人类发展的"语句"；也可以看到，在人生发展的阶梯上，"步伐"与"台阶"如何在每一个关键探索中交替出现。当我们同时发展所有象限的智能时，一切都将实现倍增的发展。

这只需要你每天迈出小小的一步。对我们每个人来说，第一步就是探索自己在每个象限中的愿景与使命。当我们像孩子一样玩耍时，我们就是这样做的。我们首先会问："在这个游戏中，我想要的是什么？"

同时延展四个象限，可以让我们的思维花园得到发展。我们的思维通道越来越通畅，将我们自己与这种延展意识联系在一起。在投入四种自我发展的进程中，我们在四个象限中发展自我，像孩子一样，迫不及待地开始在各个象限中培养技能。

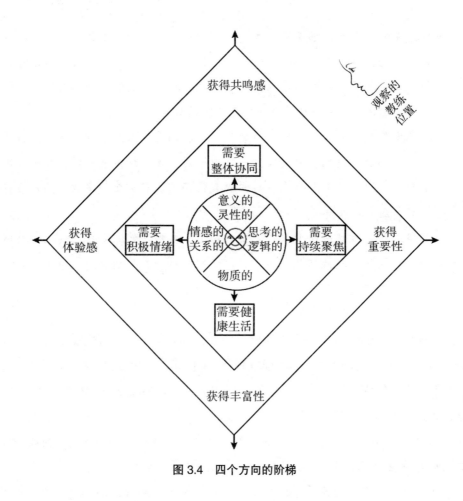

图 3.4　四个方向的阶梯

从大脑系统到思维进化：伟大的攀登启程，
走上觉察的阶梯

人类深受召唤，想要在这四个维度上探索并发展。将人类的发展历程视作向上攀登的旅程非常有帮助，因为整合的学习就是一个逐渐积累的过程。每个象限都以特别的方式形成了大脑—思维中的攀登之路，向我们展示出不同的学习与整合的"阶梯"。虽然攀登之路看似艰难，但成果很快就会出现！

如果我们一生都在这四个象限中扩展自我并保持平衡,人生就会充满喜悦。如果我们后退一步,回顾整个发展历程,也会看见人生游戏的深远意义,看见自己在整个人类发展历程中所扮演的角色。

当我们专注于任何领域的整体式学习时,我们可以体验到强烈的感知,这种感知又会立即转化为内心的笃定。我们感觉到兴奋与和谐。生活步入了正轨。通过实践,我们开始将这些整合智能应用到生活的方方面面。

如果我们一生都在这四个象限中扩展自我并保持平衡,人生就会充满喜悦。如果我们后退一步,回顾整个发展历程,也会看见人生游戏的深远意义,看见自己在整个人类发展历程中所扮演的角色。在人类发展的历程中,我们是彼此的同伴,而生命也会立即证明这一点。

那么,我们如何发展每个象限?

1. 通过发展身体机能,欣赏生命的物质形态,我们在第二象限的丰富感知得到磨炼。感官智能随着敏锐度的增强而发展。我们用不同感官来获得感受:视觉、听觉、体觉、嗅觉与味觉。我们可以看,可以听,可以感受,可以嗅闻,可以品尝。用心感受多层次、多面向的感官输入,感受生命的丰富性。通过细化这些感受,我们可以发展出更丰富的感知。

2. 第三象限,社会体验智能,在我们强调人与人之间的支持时得到发展。体验是一个内涵丰富的词。简单来说,它意味着你已经在具体实践与社会关系中有所学习,并将体验融合到自己的生活中。举例来说,和谐的社区,就和所有和谐的关系一样,需要友善与耐心。我们需要发展处理关系的能力。这也有助于我们建立真正的系统意识,发展遍布全球的伙伴关系。

3. 第一象限的重要性,可以通过实现目标的效能来衡量。有能力优化目标、确定优先级、了解目标之间的相关性以及创造性地辨别最优选择,让我们可以逐渐朝着发展世界社区所需要的灵活性进化,无论是在个体层面还是在人类整体层面。我们发挥创造力来制定目标,而这既对个人有重要意义,也与全人类的共同目标息息相关。

4. 第四象限,关注共鸣感。这一象限需要我们整合所有象限,并欣赏其中的灵感与一致性。接着,我们感知到整合后的整体觉知,就像一种笃定的感觉,或者是"真相"的显现。我们继续延伸灵感的疆域,并将所有领悟编织成一股全息觉知，超越所有单一的发展链条。

发展第四象限的智能意味着，我们将发展整合所有象限并同时投入其中的能力。我们学会全然地投入，并让这美妙的旋律回响于生命的多个领域。随着它一次又一次地带来新的精通的技能与新的个人品质，我们逐渐学会驾驭这一整合而无限延伸的智能波浪。个体意识逐渐变成更广阔的整合意识的仆人，这也是发展过程中的考验。这自然会产生共鸣感。

我们把这一共振当作生而为人的使命，继续感受并延伸。这与我们在人生中保持全局观或教练位置的能力也息息相关。当我们遵循保持内在共振的生活准则时，即使在面对艰难的状况时，悦纳生活并投入其中的能力也会变得越来越强。

我们就像攀登高峰的登山者一样。伟大的印度先贤们所修习的瑜伽也描述了攀登意识之山的关键路径：

· 我们可以通过深化身体上的感知来实现进化（好比哈他瑜伽、发展身体灵活性的瑜伽）。
· 我们可以通过提升关系中的洞察力来实现进化（好比巴克提瑜伽、关于爱的瑜伽）。
· 我们也可以通过提升创造力与思维敏捷度，开辟通向更广阔的系统意识的路径（好比智慧瑜伽、发展智慧的瑜伽）。

最好且最快的意识扬升出现在将不同法门结合在一起练习之时。我们爬得越高，就越会体验到对终极进化的强烈渴望。这就像是做克里亚瑜伽这种强有力的瑜伽练习。我们将所有法门整合在一起，为的是寻求"身处顶峰"的整合觉知。[10]

我们可以超越大脑的"基础设置"：掌管身体、感知与生存的爬行脑；掌管关系、体验及为了保护家庭与族群而斗争的哺乳脑。我们甚至可以超越大脑皮层创造进取、展望未来的基本设置。在探索进化潜能时，我们开始与独一无二的生命意图产生共振。这才是"在正轨上"。我们将在所有象限的收获整合到更为广阔的生命意图与愿景之旅中。我们将明白这是一趟非常特别的人生旅程。然而，有意思的是，这一旅程在某种程度上只是为了发展人类本身。

发展四象限智能

要开始这一趟四象限探索之旅，你得先让自己逐步区分并尝试每一个象限。你可以在阅读过程中把这当成一个小型研究项目。即使只是观察一下这些智能的运作机制，你都会发现自己的惯性。你会发现自己在每个象限中都有不同的惯性，可以选择保持，也可以选择改变。注意力在哪里，我们就在哪里实现发展。你最关注哪里？你在哪里建构自己的"思考空间"或思维游乐场？还有什么可以带来更深入、更全面、更自然的成长？

一旦你为自己发展出了四象限思维地图，比如个人习惯系统，我们就可以在四象限的总览位置上超越思维惯性，逐一探究这四个象限。针对每个象限，我们可以先从外部看整体，同时从内部进行感知。我们可以在发展的阶梯上看见台阶与接下来的"下一步"，然后开始移动。我们可以看到整个四象限平衡地向四个方向延伸。

在这两本书中，我们将为大家带来四个象限的流程，为的是让你发展出决策与改变的实践路径。你会发现有些流程就像意识的"电梯"和"手风琴"一样。例如，第七章和第九章的目的在于，让你尽快进入整合练习中，从而为将来的应用开辟路径。其他流程的设计是为了让你有能力铺设前进的垫脚石或形成习惯。这样，在自我探寻的生命中，你就可以踏踏实实地攀登自我发展的高峰。

思维的疆域，作为"游乐场"，始终会反映出我们与生俱来的价值观与愿景。只要你能区分不同的象限，你就可以带着笃定的力量对其进行完善、实践与整合。我们随时启程，而"下一步"就在脚下。

同时探索丰富性、体验感、重要性与共鸣感，这样互补的思维习惯将启动内在成长的思维游乐场。对于每种能力，你可以用 1 分到 10 分的度量范围来衡量自己的意愿度与满意度：1 分表示"只是有点好奇"，10 分表示"已经发展为一项成熟的技能"。渐渐地，你可以分辨出需要关注的领域，并扩大自身的影响力范围。这意味着你在所有成长领域都建立了稳定的教练位置和总览意识，从而使它们变成了你的创造力跳板。你也会看见它们在实践中共同发展，为你的人生导航系统打造出一个和谐共振的内在指南针。

这是如何实现的？就像在做一道美味的汤！每种智能都在自己的延展区域中保持协调，但也仍然需要延展到另外三个象限中去。在身体象限中，我们变得越来越健康与自在时，接下来就要探索身体感知的丰富性。但要想做到这一点，我们也需要积极情绪与情感连接的体验。为了进一步延伸，我们还需要关注自身的创造力，发展出策略思维。这也是获得积极情绪和丰富感知的基础。每个象限的发展都将助力于其他象限的发展。

在第一部分的后续章节中，你将沿着中央阶梯移动。再往后，你将逐步展开其他的思维发展流程，我们将其称为左侧阶梯与右侧阶梯。

图 1.3 所示的全息图原理可以帮助你观察缩略图和"思维模式"。你可以通过图形、日记和自我教练来探索思维的缩略图。在阅读第一辑时，不妨开始建立你内在的阶梯。继续往下读时，给自己找几个在身体方面值得探究的"缩略图"。"身体象限"是指那些我们经常忽略，与身体和想法息息相关的内容。有了四象限系统，你可以在每一个按惯性投入其中的当下，重新获得更广阔的视野，重新获取丰富而多层次的体验。这会帮助你发展出多重感知能力，而这也正是自我探索的根基所在。

现在，不妨用这个代表身体习惯的四象限图，点击并放大你的"思维缩略图"，来探索身体象限。从这里开始，观察、感受、测试你自己内在的四象限系统。随后，从一个象限到另一个象限，全息探索的进程可以无限行进、永无止境。[11]

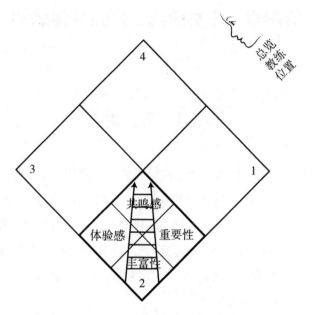

图 3.5　中央阶梯的丰富性：发展第二象限

第四章　中央阶梯：探索身体感知

丰富性：第二象限

首先，让我们从第二象限开始，探索身体上的感知，即身体象限的丰富性。这是很有帮助的开始，因为这个象限中的练习就像感受双手的温度和听见周围的声音一样简单。而且，这是其他思维进程摄入外部原始数据的源头。

"显著性"（salient）这个词指的是，当我们体会到身体的"摄入"能力并深化了关键的感官体验时，我们感知到切实的、生理上的丰富性。哪些方法可以让你的所见所闻所感更为深刻？

通过将感官觉受作为一个整体来辨别、整合与观察，你可以学会在不同感知中建立稳定的教练位置。主要的感官体验为你连接了"内在"与"外在"的物质世界。你既可以探索身体的内在"觉受"，又可以探索外在"感观"。你可以先用心地观察整体，然后再深入感受不同感官。

开启丰富性的探索意味着内外在生命的充盈。你需要停下来感受当下。只有在当下，你才能学会深化这些感受。

当下的这一刻不同于过往的每分每秒！停下来，去体验。你会注意到身体上的各种感官体验霎时涌现。我们投入其中，深化自己的感受。忽然间，我们可以用一种独特而奇妙的方式重新看，或重新听。

唤醒感知，细嗅蔷薇

我们的感官输入通道包括视觉、听觉、体觉（触觉和本体感受）、嗅觉、味觉等。只有通过分别在这些感官上循序渐进地扩展觉察，你才能了解这些感官体验的丰富性——这是你自己的身体游乐场。你可能希望从视觉开始，接下来

成年人在学会"保持临在"时能找到生命的喜悦。带着这种喜悦，我们可以将人类的能力提升到更高的水平。

是听觉，再接下来是触觉、嗅觉和味觉。发生了什么？通常情况下，人们会体验到意识的延展，不仅可以感受到外在环境，也可以深入当下的临在。

这些感官是如何在你身体内相互协作的？你的习惯是独一无二的，而你可以了解它们。将你熟悉的感知习惯与较少使用的感官联系在一起也很有帮助。要想达到这种程度的了解，你需要辨别不同感官体验之间的差异，并把它们画出来。你需要深化这些感知，并由衷地感受它们的存在！

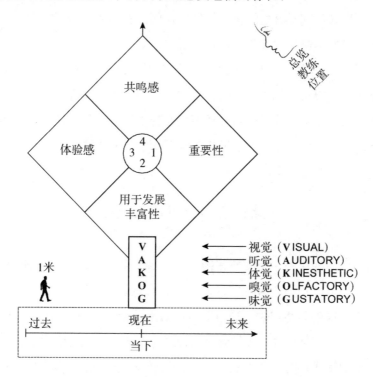

图 4.1　成长与学习的舞台：探索整合思维系统中的重要性、丰富性、体验感和共鸣感

在图 4.1 中显示的时间线上，你会注意到，丰富性与共鸣感都是我们可以想象自己"走入其中"的觉察区域，但只能在当下体验。请注意，当这两种体验融合在一起时，我们自然会散播能量并保持临在。这是我们所有人需要学习的地方。成年人在学会"保持临在"时能找到生命的喜悦。带着这种喜悦，我们可以将人类的能力提升到更高的水平。孩子们也总是会兴致勃勃地加入这个需要身体参与的学习游戏中。

总览全局的能力让我们可以在不同感官之间自如切换，从而让它们成为通往内在力量的通道。这意味着消解原本僵化的观念，让意识得以延展。

发展感知的丰富性需要对身体感知的各个方面有切身的觉察：视觉的、听觉的和体觉的。体觉包括肤觉与肌肉感知，也包括嗅觉和味觉。带着注意力，我们可以加速感知式生命的深化与整合。带着指挥家指挥交响乐团的专注，你很快就会意识到如何扩展并深化每个当下的感知：图像、声音、味道、对外在躯体的认知、内感官体验和外感官体验。

当我们强化整体感知时，工作记忆可以超越原本的"限制"。总览全局的能力让我们可以在不同感官之间自如切换，从而让它们成为通往内在力量的通道。这意味着消解原本僵化的观念，让意识得以延展。

四象限可以作为一个即时提醒，让你在所有这些系统的探索中保持平衡。凭借总览全局的视角，你可以重新打造你的能力，既可以进入每个感觉通道中，也可以很快切换出来。你学会打开觉察临在的手风琴，将其作为一个连接系统。丰富你的感知！你可以在公园里散步时练习探索并强化这些感官系统。

身体感知上的丰富性

我们的生命好比是一个交响乐团，有多种乐器同时演奏着生命的乐章。在某一刻，我们可以扫描所有感官体验，接着有意识地"进入"我们所见所闻所感的事物中。这些"感官输入通道"可以带来非常丰富的感受。而且，当我们专注于某一个特定感官时，我们就会增强对这一感官体验的敏锐度。

即使在翻阅回忆时，我们也总是在用身体体验时间的流逝。你可以找一段丰富的感官记忆，将其作为跳板，跳进强烈而绵密的感知中。

我们每个人都有过感知丰富的绝妙体验。你是否曾经发现自己在某个时刻突然"觉醒"？在那一刻，所有感官都为之震颤，将你推送至出人意料的、焕发生机的生命体验中。深入感受那些你已经习以为常的感官体验是非常有趣的。忽然之间，你开始用"不同"的眼睛看世界，或者用"不同"的耳朵听世界，从而令这一刻（以及这一刻的感知）变成全新的体验。

当我们重新领悟这个世界时，我们好像变成了整个宇宙的眼睛与耳朵。比如说，有一次，在我造访一座日式庭园时，我当时正在欣赏庭园里的青苔与石头，它们摆放得非常有艺术感。霎时间，我仿佛置身于1万米的高空中，俯瞰着一片森林，崇山峻岭上，山木林立。当然，眼前还是那些青苔与石头，但我好像在看着一整个的微观世界。在我眼前，就是一片有生命的微型森林。以这种全新的方式看青苔与石头，是非常奇妙的体验。在那一刻，我只是让自己进入这样一个疯狂延伸的视野中，获取绝无仅有的感知。在那片"森林"中，我可以看见50种深浅不一的绿色。我可以看见整片绿色中欣欣向荣的生命力。这一切都融合于那个当下，令人叹为观止！我们在美术馆中也会有同样的体验。我们可以通过画作、形状与其他的艺术形式获得这样的体验。我们可以在其中加入自己的创意和整合的感知，让世界在我们眼前舞动。

在人生旅途中，当遇见可以帮助我们洞开感知大门的老师与体验时，我们便有机会进一步了解并拓展视听感的丰富性。在本章中，我们将简单介绍几个分别针对视觉、听觉与体觉的练习，并留下一些拓展听觉体验的念想。

听觉上的丰富性：四象限乐曲

如何获得听觉的丰富性？回顾一下你与自己热爱的音乐"同在"的时刻。在5 000米的高度上观察自己如何欣赏音乐，穿越时空，看见那些活力四射的音乐时光，你将学习到很多东西。你可以现在就听一些你喜欢的音乐，这是你享受其中的实例。

注意观察你欣赏音乐的方式。举例来说，你可以将整场交响乐中的不同主题作为整体来欣赏，或是潜入不同的乐章中，觉察旋律中彼此分离而又相互融合的细微差别，关注不同的乐器之间所产生的共鸣。

我个人喜欢把视觉与听觉结合在一起。一些优美的音乐也是以四象限的模式组合而成的。试着听一些结构分明的四重奏音乐。通常情况下，你会发现四个重复的小节略有不同，你的聆听体验会像俄罗斯套娃一样逐步增强。你也可以把它们当作会变化的曼陀罗，仿佛看到它们从中心点向外扩散。

任何形式的音乐都是潜意识的通道！重复而对称的优美旋律开启了觉察的不同面向，因为音乐模拟的是思维的运作模式：延展、探索、收缩与融合。

你可能会联想到某些经典的音乐形式，比如帕赫贝尔的《D大调卡农》。整首曲子在四声部间回旋往复，其结构显示出不同层次逐渐增强的复杂精妙。与之类似，一段巴洛克音乐每小节四拍，可以展现出四种不同的深度变化。旋律的变化利用各声部的配合达到引人入胜的效果，让我们将注意力聚焦在整首乐曲的"意图"之上。与此同时，我们还可以看到旋律产生的意象，从而用视觉将所有元素结合起来，然后（抽离地）将旋律绘制成一股流动的思维，用不同颜色代表不同的声音。

通过追随艺术家的意图并留意到相互交织的音乐主题，人们可以扩大其注意力范围，沉醉于任何一段经典音乐中。经由音乐中意图与价值观交相呼应的流动，我们的觉察得以无限延伸。你可以从巴洛克音乐开始，这种音乐形式通常会将多个主题融合在一起。

任何形式的音乐都是潜意识的通道！重复而对称的优美旋律开启了觉察的不同面向，因为音乐模拟的是思维的运作模式：延展、探索、收缩与融合。其中可能会出现变奏，也可能会出现不同主题的交织，让整个乐曲朝新的方向行进。但是，所有主题彼此协同，从而创造出更高层次的整合意识，像一朵盛开的玫瑰，由内而外地让觉察进一步延展。

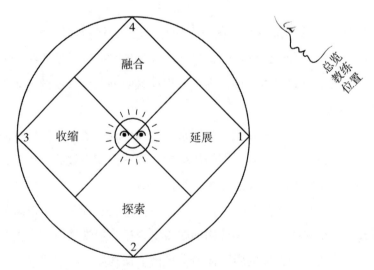

图4.2 思维的运作模式：延展、探索、收缩与融合

用音乐探索听觉上的丰富性

如果你用音乐家的耳朵与眼睛来"聆听"一段经典音乐，比如莫扎特的协奏曲，你会注意到音乐家如何产生想象，以及如何将这些想象组合起来。比方说，莫扎特用他自己内在的"曼陀罗"图像来观想音乐，以建立整体性。这位音乐家经常将几个四声部结构交缠在一起。他的音乐也反映出了内外在音乐之间的对话。他能看见声音的顺序与旋律的图案，并把它们组合在一起。

莫扎特最开始描述自己的音乐时，曾解释说他可以"看到"所有声音都是彩色符号。他既能听见音乐的共鸣，也能看见音符的跳动。[12] 你也可以尝试用想象的方式，来聆听不同类型的音乐——至少尝试几次，哪怕只是坐着静静欣赏。音乐探索所带来的丰富性让我们自然而然地进入更深的觉察中。由此，我们可以体验到多层次的丰盈感。

音乐可以为我们开辟出新的学习通道。找一段四四拍的旋律，它以某种曲式重复，而且有不同的变奏、回旋与变调，让自己投入这意义深远的学习体验中。你会注意到音乐带来的意识扩展可以渗透到所有感官之中。

你也可以用各种类型的音乐来探索四象限思维。在听不同类型的音乐，比如嘻哈、雷鬼和饶舌时，你会听到不同音乐在平衡的延展上有所区别，通常是朝着四个方向延展。看看一段节奏明快的前奏如何让你判断出其流派，并开启不同层次的觉察。在任何一段感情色彩强烈的旋律中，都有一个贯穿始终的主题以不同的方式重复，通常重复4到8遍，但每一遍都有所不同。

在阅读第二辑第三部分时，你会找到四象限的"思维图式"。你也会注意到，许多音乐形式与图式A、B、C、D相互对应。图式A、B、C、D是基本的四象限运作系统。节奏明快的音乐让我们可以走进内涵丰富的"游乐场"，你开始"听见"并看见丰富多彩的图案。花一些时间来探索一下吧。

练习1：用图像来探索视觉上的丰富性

正如我在日式庭园中看见"青苔森林"的例子一样，只要我们睁开双眼，就可以获得视觉上的丰富性。还有一个很好的拓展练习就是发挥一个好摄影师的视觉才能。

摄影师流程

假设你是一位摄影师，正在为当前所处的房间拍照。什么视觉元素吸引了你的注意力？你会拍下哪些镜头？

· 哪些光与影的模式吸引了你的注意力？

· 你更容易被颜色吸引，还是被形式吸引？你更喜欢材质还是形状？

· 什么物品会立刻突显出来？你对什么特质感兴趣？

· 什么设计元素会吸引你？

· 你是将镜头拉近观察细节，还是拉远观看全景？

· 你最容易关注的是人还是物？

吸引你的事物自然会决定你的感知。对你来说，什么具有视觉上的美感，或可以体现出令人愉悦的审美意味？

在你环顾四周时，按照你的喜好拍摄这些"镜头"。闭上双眼，着重拍摄在你的"展示区"中"最有意思"的三个地方，按下快门。精心挑选你的拍摄对象，就像要把它们呈送给美术馆一样。现在，你又会如何看待当前的房间或空间？

对初学者来说，丰富性似乎通常是最容易辨别的象限。在这里，我们可以将具体感知与抽象欣赏联系起来。随着进一步的探索与练习，我们可以学会用新的方式来分解、探索、评估并重新组合所有象限。让我们继续探索四象限系统中的精妙。

重要性：第一象限

让我们把注意力转向图 3.4 和图 3.5 中的第一象限。此时，我们正将注意力聚焦在一个非常不同的领域，开始专注于个人优先级与个人选择的问题。

重要性是导引第一象限注意力的核心价值观。我们的注意力从拥有（having）丰富性转移到为重要的事情采取行动（doing）。与重要性相关的问题让我们可以培养出按优先级排序的能力，并识别出能带来成果的技能与行动。

生命就像在梦想热气中高飞的滑翔机，在经验之手的熟练指引下，穿行于可能性的大气层中。

对重要性的关注也有助于我们将成果与对未来的设想联系起来。在这个过程中，我们发展出专注的能力。

请注意，在重要性这个象限中，我们将采取与感知丰富性截然不同的思维方式。我们进入创造的领域。但是，在这两个象限中，我们都可以培养扩展觉察的能力。针对你的目标，你希望做什么来使其重要性最大化？

在水平方向上，过去的行动与未来的能力（第三象限和第一象限）必定会持续不断地相互影响、相互助益。结合第一象限和第三象限，我们可以进入"思想设计"的区域，从而创造一切可能性。对某些人来说，这可能有痴人说梦的嫌疑。然而，带着对重要性的探寻，我们可以启动搜寻想法的"卫星天线"。我们将用闪现的新旧想法来构造创想，并通过宣告与承诺让创想成型。正是在这样的过程中，我们亦步亦趋地探索出创造未来的路径。

过去"发生了什么"的想法，紧跟着未来"会发生什么"的想法。"我知道我有能力做什么"的想法紧跟着"我接下来有能力做什么"的想法。意图的森林先是在第三象限的发展体验中播种，然后才在第一象限的重要性中耕种，找到接下来的行动步骤。在做决定时，我们可以从观察者的教练位置观看思维中的信息交互与转换。

生命就像在梦想热气中高飞的滑翔机，在经验之手的熟练指引下，穿行于可能性的大气层中。重要性是指在生命中发展对我们来说最重要的事情。当把过往的体验（第三象限）与未来的目标（第一象限）关联起来时，我们会感到喜悦，因为这意味着我们可以将经验、成果、计划与目标融合成生命旅程中很有力量的一部分。

为了庆祝这些充满喜悦的时刻，我们也会把重要性与身体感知的丰富性（第二象限）结合起来。难道我们不会把人生中的重要时刻与未来关联起来吗？通过聚焦于重要的事物，我们难道不想在当下创造价值吗？对我们而言，有能力在每一刻扩展觉察一直是非常重要的。正因如此，我们让当下这一刻变得富有意义（第四象限）。

举例来说，对于古典音乐家来说，像莫扎特一样听音乐（然后用四象限模式来思考）对谱写出伟大的音乐篇章是非常重要的，不是吗？我们将深刻的感知与具体的技能联系起来，然后花时间培养技能。如果能将多种技能组合成一个工具组合，我们就可以发展出实现重要目标所需的能力。

有了教练位置，我们便可以将重要性延展到生活的各个方面。图 4.3 展示的是发现重要选择的能力。它体现出了将水平方向的注意力扩展至通常定义的时间框架之外的过程。这样，时间与价值观的矩阵就变成了我们的生命觉察系统，可以用于探测具有深远意义的重要选择。

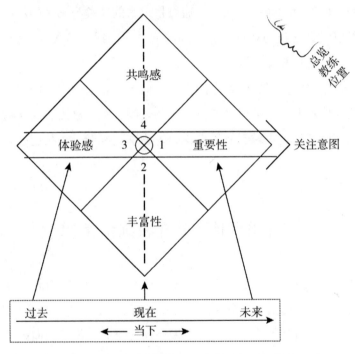

图 4.3　发现重要选择的水平箭头与垂直箭头

我在（being）、我做（doing）与我有（having）

重要性"时刻"总是指向特定的时间范围，该时间范围是由与项目相关的边界确定的。我们在展望美好未来时，可能会看见许多重要时刻。每次边界调整都会重置我们的时间框架与我们作为项目管理者的身份。将其与丰富性象限

当我们可以安坐在教练位置上，总览目之所及的时间范围，融合过去、现在与未来的学习体验，从而让自己真正对当下最重要的事物感到好奇时，我们就找到了合适的学习路径。

进行比较，在丰富性象限中，我们可以一脚踏入一个重要时刻。在图4.3下方的时间线中，箭头的方向表明四象限系统是一个带着时间框架的潜能开发器，而我们现在就可以使用。

通过习惯，"体验感"让我们可以应用过去培养出来的能力；与此同时，对重要性的专注又让我们可以设计未来的无限可能。仅仅是探究过去的体验，容易让我们陷入非此即彼的情绪模式中。"我喜欢"或"我不喜欢"的表述通常会显示出我们在体验上的倾向。然而，通过将过去的体验与未来的可能性联系起来，我们可以学会通过内在探寻去追随深入学习的线头。我们学会沿线前行，直至看到连点成线的整段线条。

我们可以让超意识深层的整合能力为我们选择合适的学习路径。当我们可以安坐在教练位置上，总览目之所及的时间范围，融合过去、现在与未来的学习体验，从而让自己真正对当下最重要的事物感到好奇时，我们就找到了合适的学习路径。

在重要性上建立教练位置

对重要性的关注可以帮助我们形成极具创造力的"意图思维"。从教练位置出发，你可以练习用直觉来平衡内在的时间线系统，以"更大的意图"为路标，划定当前最合适的时间范围。然后，在做任何选择时，你可以向内心探寻，汲取过去的相关经验，把由过去、现在、未来组合而成的思维流编织在一起。

举例来说，如果你是一名冰球运动员，你的目标是在赛场上得分。那么，你当前所采取的行动直接关系到你将创造的未来；与此同时，无论在身体上还是在情感上，你都会借鉴并延续过往的体验，为当下这一刻设计精准的策略。我们投注在精通的技能上的专注力将会丰富我们在所有时间维度上的体验，包括过去所拥有的、当前正实践的及未来将成为的。

探索你自己在重要性上的关注点。你如何很好地聚焦于此？你有哪些习惯？当你加上总览教练位置时，会发生什么？如何学会将你的生命编织成一个

保持在教练位置上可以帮助你把最强烈的意图与最具洞察力的问题联系在一起。此时，基于恐惧的思维将靠边站，而乐观务实而又富有创造力的直觉将得到滋养。

丰富多彩的整体？

你可以围绕着这个关注点提出关于未来方向的内在策略问题，同时从教练位置出发，在当下思考"整体"。通过这样的方式，在探究对生命意图而言最重要的事情时，你也可以问出独一无二而又令人惊喜的问题。保持在教练位置上可以帮助你把最强烈的意图与最具洞察力的问题联系在一起。此时，基于恐惧的思维将靠边站，而乐观务实而又富有创造力的直觉将得到滋养。

在重要性上的关注点好比点燃生命意图的火苗。保持在稳定的教练位置上，观察整个内在进程的发生，你将可以点亮整个系统的内在火焰。即便在意识仍"抓着框架不放"时，你依旧可以这样做。此外，即使在我们关注过去或未来时，四象限思维仍会在教练位置上协调运作，就像一个运行顺畅的生命精通系统。这意味着，即便在意识聚焦时，我们仍然可以用心品味当下的每一刻。与此同时，深层创造力保持着活跃与开放。我们可以放松下来，接收信息。说到这里，不妨再看看图 4.3，你会有更深入的了解。

体验感：第三象限

体验感的象限涉及难忘的体验与当前工作记忆中熟练的技能。这一象限涵盖了我们生存能力中所有运行良好的习惯系统。

这一象限的运作机制看似不言而喻，但仅仅看到整体也很有帮助，因为这些习惯是我们认为最能代表"自己"的所有事物的总和。它包括我们的知识体系，甚至是"基本认知"，例如语言习惯。它也包括我们发展出来的社交技能，以及与他人进行交流的习惯，即我们的"沟通方式"。它还包括我们身体上的习惯。所有这些都是我们当前拥有并不断实践的习惯系统，它们运行良好且相互关联，我们却很少予以考虑。我们已经养成了身体上的习惯，比如日复一日地走路、跳舞、吃饭、说话与社交。我们娴熟地开车去参加会议，在会议上展现自己的社交能力与领导才能。所有这些都体现出我们运作良好的综合能力，也可以让我们在人际交往中获得感觉良好的互动体验。

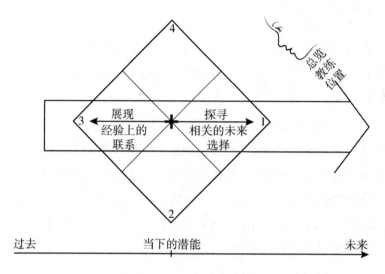

图 4.4　探究习惯的养成机制

展现与探寻看起来截然不同。

在体验感的维度上，我们在展现过去的经验与探寻未来的选择之间水平移动。当前的脑科学研究表明，过去与未来的记忆都在大脑的同一区域产生连接。我们做选择时，总是会同时评估过去与未来的图像。

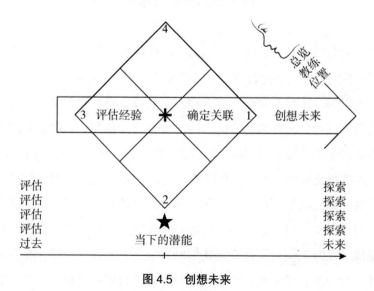

图 4.5　创想未来

在评估经验时，我们总是在寻找其中的关联。

当你想到一个可能性时，你不妨观察一下自己此刻的思维。你难道不会自动联想到过去的经验？我们用比较性问题来探究对这些选择的判断、感觉或想象，并确定关键的行动步骤。

大脑系统沿用至今的思维习惯将过去、现在与未来联系在一起，而这对发展长久的人际关系而言非常重要。从教练位置出发，我们可以对伴侣、同事、社区、国家，甚至世界上所有的人表示无条件的尊重与关爱。以人类共同的内在智慧为出发点，我们可以收获所有重要选择的相关经验，将其作为良好决策的基础。

相关的经验是比较的基础。生而为人，我们的许多活动是与他人共同进行的：分享经验、一同玩耍、互相开玩笑、共同制定策略以及共同讨论。我们努力寻找互动的最佳方式，以便将共同的经验与重要的目标结合起来。在发展下一步时，所有这些经验都将成为我们建立安全感与保障的基础。

以时间为刻度的评估

体验感与重要性的水平箭头将我们带到了分工明确的思维系统中的特定区域，这一区域是以时间为刻度的。我们的评估习惯以时间为刻度。我们可以跨越时间，对比不同的经验。以时间为刻度的评估，即使用于正面积极的打分，也始终是比较性质的。而且，不管我们的评估标准是什么，原本的情绪习惯总会指向非此即彼、非好即坏的情绪模式。

大多数评估倾向于以因果为导向，因为它们只能遵循古老的情绪脑惯性，做非此即彼的简单决策。我们的哺乳动物祖先之所以发展出打、跑、僵的简单生存模式，是因为它们在遇到危险时，需要迅速做出决策。同样，如果我们在某条"小路"上遇见一只凶猛的老虎，那我们会停下继续探索的脚步。因为对我们来说，现在走在这条小路上是危险的，就像是那条小路"造成"了老虎的出现。

从理智上讲，我们可以理解生命是因果循环，如鸡生蛋、蛋生鸡的循环往复，但盛行于世的却是古老的归因惯性，而且这种惯性通常会与可怕的联想联系在一起。全世界的文化中都有许多以恐惧为基础的习性。我们需要习惯，但我们可以跨越时间与空间来扩展体验，将所有人乃至整个人类融入更广阔的背景中，这将为思想和想象力开启更大的空间。

在生存之外，我们也需要了解习惯如何影响我们的发展。

　　历史学家为不同"世代"贴上时代的标签，并将他们独特的文化习惯与时代关联在一起，比如千禧一代。这引发了思维框架中的身份认同和文化运动。但是，显然，这类区分是武断的——世界上每时每刻都有人出生。我们需要警惕这些过于简化的论断。"时代"与"世代"主要是由那些作者自己划分出来的。问题在于，这些身份的划分与因果的简化在哪里可以起作用？我们可以从哪里开始创建新的发展框架？

　　如果我们往后退一步，就可以看见以时间刻度来进行划分的武断本质。我们需要重新审视种族和身份的划分。你会发现，在个人、语言与社会文化形成的外部规则之中，总还有内部的各种条条框框。然而，在大部分时候，我们却只能看到经验与选择单一的时刻。实际上，"身份经验"的思维涌动是一种幻象。可在我们的思维影像中，总是在播映"发生什么，就记住什么"的片段。

　　我们需要在思维影像中检查自己的"个体记忆"，留意一段记忆在哪里停止，另一段记忆从哪里开始。我们现在可以感受自己的身体。只有这样，我们才能开始纯粹地体验自我！停下来，注意到意识就像一台自动播放个体记忆的"思考机器"。扩展你的觉察，让其超越这种惯性认知。你会注意到，当你与更为广阔的大背景产生共振时，盘旋在脑海里的想法就会瞬间消失。

　　我们总是需要通过总览人生体验来领悟其真正意义，因为意识倾向于连接非此即彼的情绪脑并产生武断的臆想。过去的记忆通常不会考虑广博觉察的大背景。我们可以跨越时间与空间来扩展体验，将所有人乃至整个人类融入更广阔的背景中，这将为思想和想象力开启更大的空间。

　　只有我们，每个鲜活的个体，才能真正将人类的演化变成个人的探索系统。只有我们自己，才能在多方面的互动式文化/情感系统中启用教练位置，以此作为方向，带来更深层的觉察与更深远的内在成长。我们可以从现在开始有意识地使用教练位置，也可以通过学习如何将大脑习惯与四象限思维框架联系在一起，来习得教练位置的使用。有了四象限思维，我们可以设计出真正强有力的流程来延展自己思维的疆域，使其变成一个囊括核心特质的、协调一致的思维矩阵。

　　通过练习，我们可以学会在所有体验中设定一个能带来力量的广阔情境。

当我们观察、聆听并悦纳思维矩阵及其在所有象限中的呈现时，共鸣随之降临。特别是当我们让潜意识学会全局总览与意义融合之间的舞蹈时，共鸣就会到来。

我们也可以很快学会把过去的评估习惯视为暂时的自我保护，转而向更深层的智慧寻求指引。从现在开始，为你自己的体验式生命创造更广阔的情境，并将其与你所做的最重要的选择联系起来！通过揣摩与探究，我们将学会以富有创造力的方式掌控自己的人生，朝着促进我们成长的目标迈进。

共鸣感，你的完整性系统：第四象限

为了在第四象限创造出对内在共鸣感的觉察，我们将所有象限融为一体。我们将它们视为一个完整协调而美丽的觉察"俄罗斯套娃"，并投入这样一个和谐共振的系统中。

当我们能够描述精彩瞬间的丰富性，并让这些瞬间对生命产生积极影响时，我们难道不会感到幸福吗？同样，当我们能够把这些体验与未来的目标联系起来时，我们难道不会感到喜悦吗？将前三个象限的觉察融合为一场主题连贯的演奏后，我们可以轻松进入第四象限——内在共鸣感的体验中。这是内在现实的融合。在总览人生时，我们完全是从更深层的觉知上、在超意识的疆域中接受并体验这一融合。

当我们观察、聆听并悦纳思维矩阵及其在所有象限中的呈现时，共鸣随之降临。特别是当我们让潜意识学会全局总览与意义融合之间的舞蹈时，共鸣就会到来。此时，意识正带着全然的好奇而非评判来观察这一切！通过觉察到你内在的共鸣并做出回应，你可以发展你的价值观，深化你对完整性的觉知。即使在你有意识地享受内在的"觉察花园"时，这也同样会发生。

在这一刻，只有将所有注意力都投注于欣赏其中的内在意义，我们才能真正体会到内在的共鸣感。当我们放松下来向内发问时，我们就可以注意到当下这一刻的完整性。我们由衷地发问："这个正在展开的当下，也是我今日之所学，将如何与我更广阔的生命产生共鸣？从整体上看，我的生命意图是否与我的承诺和我秉持的价值观完全一致？"对个中意义的深切了悟让我们得以活在当下。

在第一部分中，我们只是蜻蜓点水地聊聊共鸣的话题。我们将在第二辑第四部分将所有要素融合成更高层次的觉察，以获得更深入的共鸣。你会发现，建立共振系统正是第一辑第二部分的潜在主题,其中有许多强化价值观觉察的练习。而在第二辑第三部分,我们将聚焦于发展思维自由度,以实现其灵活性。

觉察心的共鸣——练习1

现在,花点时间让自己练习整体系统觉察。你可以通过呼吸来做这个练习,就像用你的心在呼吸。在这一刻,关注你的心跳,甚至想象心脏跳动的样子。接下来,感受到你的心脏是四个觉察系统的中心,这四个觉察系统分别是身体的、情感的、意图的与深层意义的。感受一下。

呼吸是连通感知的通道,可以帮助你深化感官上的体验,即你的听觉、视觉、味觉与嗅觉。当你缓缓地"用心"呼吸时,花几分钟的时间,将注意力集中在这几种感官上。在呼吸时,轻轻地让所有感官体验融为一体。

通过每一种感官全方位地延展你的自我意识,如果可以的话,向外延伸,直至连接整个宇宙。用心感受,与这更广阔的觉察产生共振。再在教练位置上象征性地给这一切拍个快照。有意思的是,这一切也可能在找你的镜头。

现在,再一次,带着全然的临在,"用心"呼吸。你可以把图4.6当作这个练习的视觉框架,帮助你轻松地进入体验。

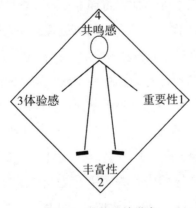

图 4.6　整体系统觉察

走进你的觉察花园——练习 2

如果可以的话，暂且把你的整个觉察系统观想成一个花园。这是一个四面环绕着围墙的花园，有四个门廊，分别是身体的、情感的、意图的和深层意义的。缓缓走过每一个门廊，让自己在花园中心坐下来。把花园中心观想成一个漩涡，一个令人眩晕的初始点。感觉它就像你自己整个觉察系统的中心点，融合了生命中所有的丰富性、体验感、重要性与共鸣感。在一切可能性的最中心处，让自己尽情体验。

放松，呼吸，安坐在生命的中心，沉浸在这一片宁静之中，感受身体上所有的感官。花园的四个门廊都是古老的进化之门。从你安坐之处，只要轻轻一推，大门就会敞开。

安坐于此，体验纯然的临在，由内而外地感知心之交响乐最深处的共鸣与灵动。感受在临在中幽远的颤动。

让自己延展到最广阔的全观视野中，延展到意义丰富的整体一致性之中。放松下来。你回家了。

在接下来的练习中，你将用四象限的"空间"作为自我探索的框架。你可以用下一章的两个四方向练习来探索如何建立探索通道，从而体验到你自己的内在现实。

通过这些简单的练习，你可以探索四个关键领域。这些练习可以帮助你培养细致入微的觉察能力，将你推送至中央阶梯的顶端。这些练习可以让你获得充分的自由，去拥有、实现并最终活出最强大的自我。看看如何通过每日练习，将觉察带到每个象限的顶点，获得极致的丰富性、体验感、重要性与共鸣感。你也可以用它们来激发自己的远见卓识。

第五章 四方向练习：四象限冥想

四象限冥想与内在心流

通过向内探寻愿景，你会学到什么？你的问题越好，四方向练习的效果则越明显，而且，好问题会为你带来孜孜以求的满意答复。在接下来的四方向练习中，你可以放下任何对具体问题的考虑，而只是学着聆听与回应你自己的内在智慧。你将学会如何在每天早上或晚上校准内在"天线"，使其指向感应最强的区域，以接收深远的回应。我们将称之为动态冥想（dynamic pondering）！你对自己说："好的，接下来，我会相信自己的深层觉知。它将指引我，朝着心之所向前进。它也会告诉我，我需要经历什么，以及我如何踏出下一步。"

卓有成效的四象限冥想会给我们带来什么？这其中很大的价值在于，了解如何带着好奇心和探索的意愿真正地向内探寻。只有这样，我们才可以穿过神圣之门，连接到内在的心流与动态的愿景画面。

沉思静想

当你带着与价值观最契合的开放式问题，以开放的态度向内发问时，本章的四方向练习将给你带来很大帮助。思考一下，沉思静想对你来说意味着什么。我们发展了延展教练位置的能力，先总览整个思维花园，接着跳进具体的愿景或探寻中，对其进行深入探索。当我们认真思考时，我们可以开始问出强有力的问题。

四方向练习向你展示了通往内在智慧的通道。为了有效地进行思考，你将学会升高并扩大自己的聚焦点。你也将学会把注意力放在内外在世界的所有四象限上，并在沉思静想中停留足够长的时间，以深入特定领域。

只要我们提出深入而全面的问题，特别是带上创造的意图，就可以随时走进繁花簇锦的思维花园。

目的在于挖掘出更深层次的问题。你逐渐学会练习、衡量和扩展觉察，以便全方位感知核心问题。你启动了丰盛的发展式探寻，因此，在探索的同时，这个过程也在发展你的思维。你开始深深相信你自己内心深处的声音！

在这个持续建构的生命系统中，我们都是参与者。思维之整体大于其部分之和。只要我们提出深入而全面的问题，特别是带上创造的意图，就可以随时走进繁花锦簇的思维花园。在接下来的练习中，我们将体验这个过程。

思维就像一个藏宝箱，里面装满了奇珍异宝。第一象限的练习可以激发我们内在富有创造力的愿景，让我们找到珍宝。这意味着，在夜晚的探索流程中，我们要先进入第一象限。接下来，在第二象限，我们通过发现具体做法与完成步骤，让这些珍宝大放异彩。我们继续前往第三象限，找到最佳实践。在第四象限，我们把所有这些收获联系在一起，就像打造了一顶内在智慧的皇冠，上面镶嵌着价值观宝石。通过四方向练习，我们学会相信自己超意识深层觉知的全然完整性。

当我们把思维空间设定为一个整体的思考空间时，所有象限将围绕着我们的问题整合在一起，成为满载着智慧珍宝的藏宝箱。这一内在现实就是超意识对我们的内在探寻的深远回应。

类型一：四方向地板练习

我们有几种练习方式。你将要尝试的第一个四方向练习是一个地板练习，需要你亲自在四象限图上移动，可能需要 2 米见方的地方。换句话说，每个象限都代表一个实体思考空间的逐步延展。你可以用刻度尺由内而外地标注出内在发展的四个方向，中间是 1 分，边缘是 10 分。这是你的游戏面板。地板上的每个象限都对应我们在前几章探索的关键区域——身体象限、关系象限、意图象限与意义象限，以及你通过这四个象限发展的四种智能。举例来说，你可能会通过这样的问题来了解自己的身体状况："我培养什么习惯来让我的身体更加有活力？"或者，你也可能会问与人际交往或职业发展相关的问题。这个练习的目的在于，帮助你在每个象限中用富有创造力的问题来启动探索。

通过链接到一个重要问题，并带着问题在游戏面板上亲身探索每一个象限，我们激活了沉思静想的思维系统。在每个关键领域中，当你问出对自身成长而言真正重要的问题时，你很有可能会获得十分清晰的视觉画面（见图 5.1）。

你也可以在四象限中心放一张凳子，坐在上面开始这个练习。把四象限当成是一个足够大的实践区域，用小纸片或者便利贴来标记四象限的中心点与每个象限的顶点，从中心到边缘标注出从 1 到 10 的刻度。这样，你就会看见自己周围的四条线呈十字形展开。

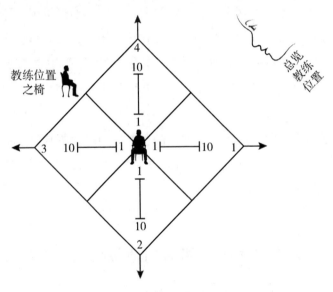

图 5.1　地板练习的设计

用这种方式设置游戏面板，并在移动过程中把自己的身体当成感知通道，这能帮助你迅速获得有用而系统的信息。地板练习的设计让我们可以看见四条主要的"状态线"。在这里，我们可以通过身体感知获取内在的"信息"，进行深入的思考。不妨做一次练习，只是一次都行。在练习之后，你就会知道如何将四象限与地板练习联系起来，知道如何把这个方法作为自我认知的基本方法。

在四个方向上进行反思

第一象限，意图与创造的象限，可以用来代表梦想、希望、计划的领域，以及为增强核心意图而建构的思想、隐喻、画面、感觉与词句。未来三五年内，每天在这些人生发展的关键领域问问自己相关的问题，是非常有帮助的。这些问题可以作为探索更深层的生命意图的发射台。你在踏出第一步时问出的问题，决定了你在未来将收获的成果。你所投注的专注力也会将你与更深入的直觉和创造联系起来。所以，不妨在这里问出一个开放式问题，激活你与自己的生命意图和人生愿景之间的内在联系。

第二象限，身体象限，可用来表示世界上所有的感知信息，特别是那些可能有助于获得成果的信息。为了更好地理解并实现你的目标，你需要看到、听到和感受到哪些信息？在当前已知的体验与实践中，你可能想从当前的资源中接收到什么？

第三象限，关系象限，可以用来表示过去的实践、经验以及有价值的想法，这里汇集了全世界的知识。人类从整个发展历程中学到了什么，发现了哪些有用的方法？哪些智慧是你想要接收并学习的？

第四象限可以表示对深层智慧与内在指引的探寻。你在这里探索的是，如何将所有象限的信息融入自己的内在生命，融入当下。在你的生命中，目前呈现出来的崭新的发展意义是什么？有哪些心灵上富有意义的发现正积极地回应你的探寻？你接收到怎样的人生智慧与生命要义？你内在的声音是什么？

开始四方向地板练习

请亲自来做一下这个练习。首先，问出一个对你来说真正重要的开放式问题，这个问题可能与你当前的项目或生活有关。

坐在凳子上，看到脚下铺设着一个四象限菱形，每个象限分别代表你的身体、关系、意图与深层意义。这四个象限正围绕着你提出的问题延展开来。在这个空间中，你将仔细探究问题的身体感知维度、情感—关系维度、意图维度以及深层意义维度。

在每个象限中标记从 1 到 10 的刻度，中心点是 1 分，菱形的四个顶点是 10 分。10 分是每个象限的顶点，表示你对这个象限非常满意。这个练习的目的在于更好地感受与理解问题的大背景，并找到相应的答案。把两张凳子放在方便来回移动的地方，一个在四象限的中心，另一个放在四象限外部，在那里可以看见整个四象限。你可以用便利贴或其他小物件来标记出四个角。在练习过程中，你将多次回到四象限的中心。

针对每个象限中的度量尺，你分别问出如下问题：

· 要想再进一步，我最重要的意图是什么？（第一象限）

· 要想再进一步，在采取行动时，我需要了解什么？（第二象限）

· 要想再进一步，在关系上，我真正的体验是什么？（第三象限）

· 要想再进一步，这里最有意义的是什么？能产生什么样的共鸣？（第四象限）

你可以以任意顺序问出这些问题（或进行修改）。你可以同时探索这四个象限。哪怕只这样做一次，也是非常有帮助的。

练习步骤

带着你的问题，缓慢地在状态线上从 1 移动到 10。向内探寻，看看在每个象限中将涌现出怎样的信息。在这个过程中，每迈出一步，都用心感受你的身体，观察自己的想法。

在每个象限中都从中心点缓慢地移动到顶点。你可以在移动过程中用纸或录音机来记录想法。当你这样做时，请把所有注意力放在身体上，留心身体传递的所有信息。关注你的想象、感受与接收到的信息。关注闪现的想法，关注身体的感觉，并找寻其中的价值与洞见。

带着你的问题在状态线上移动，留意你走的每一步。你正在做一个强有力的聚焦练习，可以帮助你在四个关键的意识领域获得内在智慧。每踏出一步，都密切关注身体的感受，对着录音机描述出身体与情绪上的反应，以及你的内在对话。你也可以与同伴一起练习，他可以为你做相关记录。

在每个象限的探索间隙，坐到外边的凳子上，那里代表着教练位置。有意识地把这当作抽离于整个系统的方式。如果你是和同伴一起做这个练习，请花点时间来讨论和总结在每条状态线上的体验。每个象限带给你的价值是什么？这四条状态线的体验带给你的价值是什么？这些练习效果如何"叠加"，让你可以更深刻地理解自己的问题？整个练习对于你的价值是什么？

类型二：四方向夜间练习

另一个非常有用的四象限练习是四方向夜间练习，我个人已经使用了30年。我们将在睡眠过程中连接一个具体意图，这样，即使在睡眠中，意图也可以持续生长。夜晚的探寻是连接内在智慧的有效方式。让我来解释一下这个练习的具体步骤，然后邀请你亲自尝试一下！

有了四方向夜间练习，你就可以每晚都轻松连接到自己最深远的人生意图。通过练习，你将发现一个简单易上手的四象限探索方法，从而在睡眠过程中实现最大限度的学习与整合。这个过程是一趟自我发现之旅，也是一个良好的学习习惯。

仍然是前面所描述的四个象限，但现在，超意识将在每个夜晚"指引"你。在睡眠过程中，伴随着四个象限的顺时针移动，你学会使用内在的"梦境指引"，将重要的问题转化为创造性的回应。

最好每天晚上都只问一个重要问题。我们需要在入睡前向内发问，想象自己身下的四个象限，让自己身处四象限的中心。这非常适合用来探究疑难问题。你的问题越好，这个练习的效果就越显著，你获得的答案也越好。

你是否曾经因为某个问题感到压力重重，无法入眠？通过四方向夜间练习，你大可放开意识对这一难题的质询，把一切交给你的直觉、你的超意识。你对自己说："好的，我只需要相信超意识将带来我最需要的答案。"然后，按照如下步骤来做这个练习。

四方向夜间练习步骤

每天晚上，在你躺下来入睡之前，做这个练习。只要明确了具体的问题或请求，四方向夜间练习就可以开始了。我们将自己在床上的睡眠时间塑造成一个"思维空间"。

最简单的做法是，在睡前提一个请求。你可以向自己的内心寻求智慧的指引，并对将接收到的一切表示深深的感恩。

躺下来，观想并感知一个四象限系统，感觉它就在你的身体下方。花一点时间，清晰地看到四象限铺在你身下。这样，你就可以与四象限建立起紧密的连接。

你会注意到，自己正躺在宇宙的创造中心。这在某些印度教体系里被称作"神性点"（Bindu）。你可以看到整个四象限在你周围，就像一个时钟一样，想象你的头部正指向第四象限。

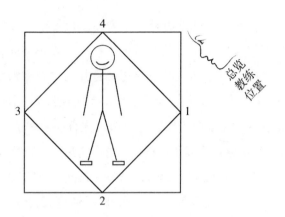

图 5.2　四方向夜间练习：想象自己正躺在四象限的床上

即使你的身体正躺在四象限中间，你仍然可以在系统之外的教练位置来观察自己。

每天晚上花两分钟的时间集中注意力，开始你的练习。当你躺下来时，把整个空间（你睡觉的地方）当成你的思维地图，想象四象限像时钟一样铺在你周围。开始练习之前，花点时间清晰地描绘出四个象限，欣赏每个象限所蕴含的力量与美好。当你面朝左侧的第一象限、面对着你的目标，并暗暗告诉自己将要在今晚探索一个重要问题时，练习就开始了。

将你的脸对着第一象限，表达出你的意图。尽可能"有意识地"问出你的问题，并清晰地表达出对答案的要求。务必用开放式问题来表达这个请求。每个人都可以发展出自己的做法。其中的一种方式是，明确你希望获得的具体信息、深层意义及内在现实。无论你请求的是更深的理解、更多的学习还是更多的洞察，你都将获得相应的反馈。举例来说，假如你寻求更多的洞察，你可以想象自己的洞察水平正在上升。感恩这一内在连接与相应的反馈。感谢你内在的指引。

然后继续躺在床上，朝着另外三个象限提出请求，让你内在的真相探寻系统在睡眠过程中与所有象限深度连接。带着你的问题，迅速回顾在这四个方向上的探寻。你正在请求深层觉知为你在睡眠中搜寻如下信息：要想实现目标，你该如何设定意图；要想实现目标，你在行动上需要做些什么，在情感与关系中需要注意什么。这有助于你了解亟须建立的、有意义的联系。完成这四个象限的探索与整合之后，你就可以沉沉睡去了。

　　想象时钟的指针从 12 点开始转，转完一整圈，再回到 12 点；每转到一个象限，都可以进行充分的探索。你可以将时针的转动与你正常的睡眠时间对应起来。

　　清晨苏醒时，看看你都收获了些什么。第二天，通常在苏醒的那一刻，你会马上接收到一些信息，通常是内涵丰富的想法和相伴而来的广博觉察。确保你手边有纸和笔，这样你就可以在收获到的想法中捕捉到清晰的部分。然后，在此基础上采取一些必要的行动。

清晨的请求与回应

　　在苏醒的那一刻，迅速写下你接收到的答案。再次把自己的注意力投注到整个四象限上，整合这整个晚上的收获。

　　假设你已经得到了想要的答案，立即把它写下来。换句话说，尽情书写，好像答案已经生成，你只需要把它们写下来。写完后，把你的文字"晾"一会儿，然后再深入探究这些信息对你而言有什么价值。带着深深的感恩，探索你接收到的一切！

　　这个练习可以做很多次。你也可以在冥想中做这个练习。我用这个方法写了 6 本书。每天早上，问题会将我从睡梦中唤醒，并驱使我开始写作。尽情享受潜意识为你工作的过程。在这个时候，动态智能正指引着你的人生。

第二部分

左侧阶梯：在扩展的背景中欣赏价值观

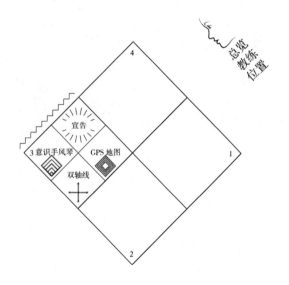

第六章　思维指南针及其垂直维度

在第二部分，我们将用身体的隐喻来探索内在发展的各个领域。通过身体的隐喻，我们能够以发展的眼光，感受内在现实，感受到自己在其中收获的成长，也感受到四象限思维的可行性。第二部分会为大家带来四象限放大练习。大家可以在每章末尾找到练习方法。

我们可以检视思维的运作方式，并找到相应的运作规律。在第一部分，我们已经意识到思维的水平维度。思维的水平维度包含意图的焦点，与我们基于时间的身份概念紧密相连，主要存在于体验感与重要性的交互中。

同样地，我们也总会找到思维的垂直维度。我们很容易通过价值观关注点的转换来对其进行探索。注意力范围包括有意义的价值观的所有方面，涵盖内在世界与外在世界。如果注意力指向外部世界，这个价值观定位会设定参数，决定我们通过感官觉知接收哪些信息。

基于意图的可行性，注意力范围内的所有想法都会被评估为正向或负向。注意力的指向会给一切带来转变。当我们这样做时，我们可以相应设定垂直维度的跨度。打个比方，你可以将其看作从"当下这一刻"拔地而起的高度。我们假定这个足以纵观全局的"高度"指的是抽象的程度，代表不同层次的价值观状态和思维空间。

水平维度的影响次于垂直维度的影响，因为"记忆"就像橡皮筋一样，其大小会随垂直维度的高低而调整，形成对称的图像。因此，"当下"的境界高低取决于我们自己的选择。在许多微观的"当下"，水平轴线是由评估和意愿之间持续地相互作用而形成的，也形成了我们的记忆长短不一的时间跨度。

与水平维度相对应，垂直维度是由感知和注意力相互作用而形成的，由此产生了思维的境界或高度。有了高度的标尺，我们可以观察并感受到当下感知的抽象程度，并关注到思维的注意力所在。这两种观感（水平维度和垂直维度的观察和感受）相互作用，形成了一个从宏观到微观的思维指南针。

当我们从不同视角，用不同的思维来感知自己的生活时，我们的感知可上可下、可进可出，像呼吸一样灵动自如。

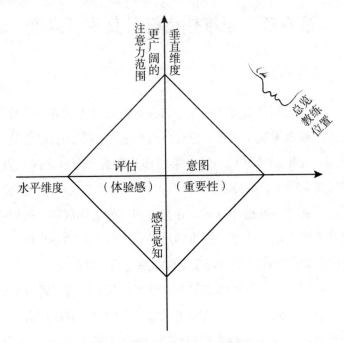

图 6.1　思维指南针及其两条轴线

垂直扩展的过程

让我们来进一步探索垂直维度，因为这是大多数人在转移注意力焦点时练习最少的领域。当我们在隐喻式的"思维电梯"上练习上下移动时，我们到底在探索什么？当你在收窄或扩展自己抽象知觉的觉知镜头时，你会注意到什么？

纵轴是一条从极具体到极抽象的度量尺，让我们的感知可以从具体的感官知觉，转移到"大画面"上，即扩展的、抽象的注意力范围。感官的具体知觉就如同大泡泡中的小泡泡一样。当我们从不同视角，用不同的思维来感知自己的生活时，我们的感知可上可下、可进可出，像呼吸一样灵动自如。打个比方，我们可以用 1 米到 15 000 米来表示这种可扩展的能力。

在垂直维度上对大画面的注意力直接决定了我们对大画面的觉知，就像画家握着画笔画画一样。这种能力会为你创造出一个充满可能性的硕大调色

当我们扩展对价值观的身体感知时，我们会打开内在的直觉。我们为生命播种了充满可能性的整合性愿景。

板——你当下即可拥有。你可以用问题来导引描绘感知细节的细笔触，也可以运用纵观全局的注意力，挥舞出恢宏的大背景。你喜欢练习什么样的笔法？你又会挥舞出什么样的愿景和价值观画面？你又会如何进入你的愿景之中，浅尝其味？

"向上移动"意味着画面中的细节越来越少，而价值观—愿景的游乐场却变得越来越清晰。所有积极的展望都可以激发思维花园中的扩展、选择与改变——而这一切，仅仅需要我们将注意力放在这里。当我们扩展对价值观的身体感知时，我们会打开内在的直觉。我们为生命播种了充满可能性的整合性愿景。当我们打开觉知，将其延伸为更广阔的价值观体验时，我们会对自我有更多的发现。向上的扩展让我们可以提升思维的境界，在当下就能体验到关系到核心价值观的深层觉知。花点时间用本章结尾的练习来探索吧。

记住，在注意力的纵轴上进行探索时，我们的注意力总是处于当下。每时每刻的感知及对价值观之广阔觉知的关注，都是在当下发生的。我们正在探索价值观—现实系统，这在现象学中是实际存在的。然而，有意思的是，在垂直维度上，我们仍旧可以进入其他的"当下时刻"，也可以扩展这些时刻。

注意，在垂直维度上越升越高的思维境界自然会增强你的决策能力。大脑很容易将你做的每个积极展望与价值观评估整合为实时"现实"。这可能包括你生命中的所有瞬间及"生命"本身。在垂直维度上，你可以让生命的每一刻变得充满意义！

远大目标！在投入的教练位置上，走上左侧阶梯

你总是能够在所选定的视野中／高度上感受内在世界与外在世界，并将摄入的信息区分为身体的、情感的、想法的或深层意义的。通过这种方法，你可以发展出平衡的、投入的教练位置（见图 6.2）。你可以在每一个想要探索的层级上，在抽离的全局观和投入的探索（及投入的教练位置）之间来回切换。

我邀请你在这一章中发展自己的能力，通过各种各样的觉知拉伸，向上扩展自己的注意力范围。你需要花一些时间来发展自己在不同垂直层级和能力水

平上的内在体验。本章和下一章都为你提供了练习的机会。把图6.2中的"高度"当成真实的体验。从这些视角出发，你将如何看待自己的"人生"？

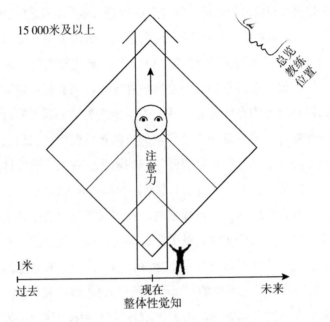

图 6.2　注意力的整合垂直维度

请注意，对于所有"学习如何学习"的过程来说，从"高起点"开始是很有帮助的；换句话说，最好用一个远大目标作为你的关注点。你正在学习扩展自己的思维，超越原有的思维惯性。隐喻地说，在这本书中，我们关注的是"从5 000米到15 000米的高度"。思维游乐场的发展始于宏大的全局想象和深入的价值观觉察。不妨试试本章后面的"远大目标练习"，用这个方法来练习思维的纵向延展。

用"纵向观"来激活内在意图

当你看到自己以身心合一的方式去面对挑战并掌控全局时，你就会在脑海中培养起相应的能力。对这些能力卓著的自我形象保持抽离的教练位置是很有帮助的。这样一来，你就可以在思维电梯上自由地上下，在不同的高度—注意力水平上，在抽离的教练位置上进行观察。

有了个人愿景的"预演"，我们自然就培养了内在技能，在大脑与身体中建立了必要的神经连接，开始为应对现实世界的挑战寻找解决方案。当我们有勇气去尝试时，这些愿景画面将很容易转化为实际的实践能力。

你只需要在教练位置上进行 21 次"预览"，或者看见一两秒钟的愿景小电影（看到自己用行动展示出高水平的能力，看到自己提炼出整合的价值观），就可以将这些能力有效地转化到生理系统中，从而在现实世界中形成习惯。对于我们内在的习惯系统来说，我们仔细预览过的价值观和行为很快会在大脑中建立连接，从而形成真实的能力。养成有效沟通的习惯尤为如此。通过观看这些内在电影，你很快就会发现自己拥有自己想象中强大的内在能力。你也会逐渐调整自己的情感智能来与之匹配。

抽离地观察和投入地探索

当你在脑海中看见事物的运作时，恐惧就会消失。抽离的视觉体验尤其有帮助，因为你可以观想自己拥有强大的能力。当你请求超意识看到自己如何很好地应对特定情况时，你就可以开始连通自己的"创造力系统"。这是取之不尽的"有效案例"素材库，就像一个视频图书馆一样，你可以点击打开许多其他案例。就像教练们所了解的那样，只要提出要求，就很容易打开超意识。诸如"还有呢？"这样美妙的问题一经提出，更多的选择就会应邀而来。

你可以抽离地在"自我效能"的内在电影中观看自己，或许只是一两秒钟的广告片，让你自己成为其中的主演。你可以在空间框架或时间背景下进行探索，这样就可以从超意识那里接收到新的方法和建议。

当你在抽离的教练位置上乘坐思维电梯一路向上时，你可能会注意到这个摄像机位置让你培养了新的"感知能力"。采用投入式的练习，你可以在各个层

在每个层级上，你都可以看到、感知、扩展和宣告自己的最佳实践。你可以用四象限图，帮助你在不同境况中保持这种内在平衡。这样做，代表你就在建立自己扩展而整合的现实系统的思维矩阵。

级上感受与自己的愿景相连的价值观。你甚至可以结合使用投入和抽离的教练位置，请求接收与你的愿景相关的价值观整合。

拾级而上，将投入和抽离的教练位置结合起来

现在，我们将这两个截然不同的视角结合起来。不断切换的感知位置变成一曲你来我往的共舞。带着在抽离的教练位置上看见的自我发展愿景，你在构建"意义和价值观的预览"。这是对自身生命发展和意图扩展的速写。

当你连接到使命与灵感的全新觉知时，这些抽离的愿景会与你的价值观联系起来。你可以在思维电梯的不同垂直高度上这样做。

不过，使用这两本书中大部分练习最有力的方式，是在每个高度上将抽离的教练位置和投入的教练位置重新连接起来。通过这种方式，全局觉察中所有意义深远的振频层级现在就通过思维—大脑的系统融入你的生活。

在每一层觉知的延展中，通过感知自己每时每刻的"价值观临在"，你都会创建出一个投入的教练位置。而你也可以想象那个"自己"（处于抽离的教练位置），然后再进入相应的振频层级，再次来到投入的教练位置。你也可以通过灵性的、创造力的、关系的和身体的自我发展练习来提升你在垂直维度上的振频／共振层级。你可以玩耍般地穿梭于生命的不同领域，从 1 米到 15 000 米，在不同的高度上分别进行探索，视野也从极其具体而聚焦逐渐转变成极其广阔而宏大。

在每个层级上，你都可以看到、感知、扩展和宣告自己的最佳实践。你可以用四象限图，帮助你在不同境况中保持这种内在平衡。这样做，代表你就在建立自己扩展而整合的现实系统的思维矩阵。现在，在四象限扩展地图上，运用改变高度的隐喻，在所有你着意要去发现的关键生命成长领域中，你有方法将投入与抽离的教练位置结合起来探索。

将所有系统放在一起来理解，你会逐渐发展出足以超越当下挑战的自我觉知。通过多个"层级"，你可以感知到自己价值观的辐射范围，能让你活出人生意义的才干，以及你想要最大化的生命潜能。通过将感受到的价值观（投入的

教练位置）和人生发展的愿景连接起来，你可以将垂直维度变成你通向更高意识的通道。

从左侧楼梯上到高处：价值观欣赏

当我们如此广泛地发展价值观之间的连接时，思维会发生什么变化？思维中的画面就像真实的体验一样。我们在脑海中看了三四次画面和研究了几种可选方案之后，我们的信心就会开始高涨。这时候我们可以想象自己"超越细节"，看到自己在曾经感到害怕或困惑的情境中游刃有余。我们开始体验到扩展后的临在。

在 20 世纪初的印度，圣雄甘地给我们做了很好的示范。他拥有直面英国军队的内在力量。他持续投身于和平的、以价值观为导向的高层次愿景中，并将其与自己内心对合一而深刻的生命意图的感知联系起来。他的思维一路向上，进入整合的价值观体验之中，并将其和详细的规划联系起来。通过这种方式，甘地为印度人民抵抗英军制定出了清晰明确的、步步为营的策略。

在与英国军队（一支规模庞大、火力凶猛的战斗队伍）的每一次对峙中，甘地首先聚焦于让印度实现更大发展的可能性，但他也把目光放在全人类身上。他对非暴力的坚持让他可以在多次对峙中保持坚定的立场，他坚持不懈地向所有印度人民宣扬这一主张。甘地树立了强大的榜样，印度全国人民紧随其后。这个小个子男人只有 43 公斤重，但他凭借强大的信念，单枪匹马地战胜了大英帝国。

学会向"高海拔地区"移动

用生动的、充满可能性的高层级愿景画面来丰富你的地图。当你在总览教练位置的思维电梯上一路上升时，你可能会注意到，这样的移动也会支持你重获无比敏锐的"感受能力"，让你能深深地感受到与愿景相关联的价值观。随着你不断向上向外移动，价值观状态的"假如式"图景会不断扩大。渐渐地，你会发现自己正在融合着所有的要素，将投入其中时对价值观的感受和抽离出来时所看到的画面结合起来。由此，你进入了对价值观—愿景的深层觉知（一种广阔无界的纯然意识）之中，感知到一切存在。

我们最开始围绕某一个项目形成的统一而整合的意识系统，其辐射范围往往会随着我们的前进而保留下来。随着你继续探索，它会变成你内在系统的思维矩阵和能量层级，详细的地图将在稍后呈现出来。如果你带着清晰的价值观愿景的背景来构建这样的简单地图，那么，它将成为你可以持续发展的整体系统。这时候，你生命的尺度与能量层级就和你对内在价值观的感知联系在一起了。你之所以要成长，为的是匹配你思想的境界，匹配你在一开始就宣告对你而言重要的成长。通过扩展你的价值观系统，你也在扩展所有人的价值观系统。你再一次看到自己的愿景，找回自己的力量，这些愿景也因此变得更具吸引力。

通过将四象限系统作为地图使用，你正在将这些愿景放在一个方便整合的价值观形状中。你已经发现如何将视觉地图和形状作为"想法的容器"。我们关注这个价值观和愿景的时间越长，就越容易将其和各个层面的行为与未来选择联系起来。

你现在是实施长期变革的主导者。你总是有机会直接测试图形化的框架。使用"假如式"问题，"从 1 米到 15 000 米"来研究（并感受）价值观一致性在现实世界中的应用。每一次测试都会加深你与深层价值观的连接。最好的学习，是一开始就带着明确的目标，而且从一开始就测试自己与价值观的连接程度。当我们在探索过程中，看见自己在每一个阶段、在每一步的"最佳状态"时，我们也会学到很多东西。通过练习这个方法，你会学会创造一个思维磁铁。通过这种方式，你可以继续围绕你的重要项目进行深度的价值决策。旧有的消极情绪会像死皮一样逐渐脱落，而新的积极情绪会生发并被放大。

远大目标练习

首先，列出至少三个项目，大小不限。针对每个项目，都分别做这个练习。

如果你思考一下自己的人生，你会注意到大部分关键领域中都存在特定的项目。我们是"项目所有者"，我们的项目包括家庭、朋友、工作、学习、健康和兴趣爱好等。如果你去观察，就会发现生活的每个面向都存在一个愿景。不妨问问自己：愿景之上的愿景是什么？每一个浮现出来的愿景都有其价值观，可能像一颗种子一样生长。再问问自己：其中的核心价值观是什么？你可以为这些种子施肥，让它们随着项目展开而生长。图6.2可以给你带来帮助，帮你确定自己倾向于从哪个层次来看待每个项目，以及你如何发展（并感受）这些价值观。

选择一个项目，并尝试进入投入的教练位置。然后移动到抽离的教练位置，并在抽离的教练位置上继续向上移动，同时保持对项目的观察。找到一个可以纵观全局的位置，在这个"足够高"的高度上，感受此处的价值观。现在，在抽离的教练位置上向上移动，然后再次感受价值观。分别基于"高水平"和"低水平"的觉知来探索几个项目，注意其振动频率的不同。

探索与这几个项目相关的高层级愿景和价值观：在每个项目中，你秉持哪些价值观？你的总体愿景、规划及具体的逐月、逐日的时间框架是否相互匹配？

同时保持强烈的愿景和价值观，思考每个项目"下一步"的具体行动。远大目标如何帮助你遵守承诺，获得动力呢？

当你从不同的"觉知高度"上看时，就像图6.2，你会得到很多如何进一步达成你的关键目标的想法，因为其中的内在一致性将支持你看见更具体的愿景画面。你正在把自己的愿景、价值观与你的未来联系在一起，形成习惯，于是，你就可以持之以恒地推进你的项目。

价值观电梯练习：从高处开始

从投入的教练位置开始体验你的生命。接下来，在抽离的教练位置上，上升到 15 000 米的高空中，看到全人类的发展。接下来，把价值观作为你的眼睛、耳朵和深层感受，让这一视角汇入投入的教练位置。当你展望遥远的未来时，你既是在探索，也是在用亲身感受来验证人类可以发展到什么程度。

或许你还会探询与衡量整体一致性。比如，也许你会问自己：你想要展现哪些人类价值观，培养哪些能力，让它们在这个世界上变成现实？目的就在于真实地感受到这些价值观。为你自己的未来而感受，也为了全人类……

乘着你内在的电梯去到非常高的地方，上升到"宇宙层级"，在那里，你可以天马行空地创造愿景，创造价值观体验。然后，往下漂浮，向下探索，确保你能看见越来越具体的画面。一路下降到"1 米高"的地方，采取脚踏实地的行动思维。在这一整个过程中，体验不同的个人"现实系统"。

因为我们的情绪和身体的"重力"往往会让我们停留在 1 米左右的高度上，因此我们可能会发现，以 3 000 米的幅度缓慢下降，是非常有帮助的。这是一次有趣的探索。你正在建造一部可以永远使用的电梯。

首先从"10 000 米到 15 000 米"的臭氧层开始，这是宏大价值观的层级。在这里，你可以将愿景和价值观连接到强有力的"觉知矩阵"中，这可以帮助你保持在教练位置上，保持对你自己的价值观系统的全局观。接下来，保持全局观，将你的视点每次降低大约 3 000 米。在这个过程中，关注你成长与实践的路径。查看有"时间标记"的系统，如日程表上的年、月、日。一路向下漂浮，深入了解这些事件将如何展开的具体细节。

当你抵达"个人事务的层级"时，看到你的"着陆点"是很有帮助的。你会看到"心目中的自己"正在为潜在的困难寻找现实世界中的解决方案。你也可以漂浮到行动层面，在那里悬浮在上升气流上，在10米高的地方，简单回顾你接下来的日程安排，看到自己在接下来的一周或一天中即将完成的一些关键目标。这种一路向下的探索为你带来了什么？

第七章 用于扩展思维—大脑系统的隐喻

学习使用觉知的左侧阶梯与思维电梯

对复杂的抽象概念使用物质的隐喻是否有效？我的经验是，如果我们用四象限来进行宣告，那么这些隐喻就非常有用。我们创造"视觉宣告"，然后"踏入其中"，投入地去感知，或在外部观察整体。我们可以使用这些视觉宣告来练习，直至找到内在的平衡。

有时候我们会讨论阶梯，讨论随着时间推移循序渐进的练习。在本章和下一章中，我们将搭乘思维电梯，以隐喻的方式探索，一路上升到抽象层面。思维会对整体的视觉画面做出反应。

旅程——通向发展性整合的捷径

人类的灵魂走在探索无尽可能的路上。在这趟旅程中，如果只将意图的探寻和深层价值的思考限定在特定的情境和思维层级上，那就太局限了。我们还需要有能力快速转换抽象层级，并根据情境需要进行思考。

我们需要有能力使用抽象的视觉隐喻来引导注意力，扩展注意力范围，同时创建一个接收系统。随着注意力范围的扩展，我们经常会在最深层的觉知中接收到连贯性想法的"闪现"。之后，从第八章开始，我们会使用投入式的意识手风琴，将当下注意到的价值观拉得更加宽广。

在本章和后面的章节中，我们会运用和练习两种关于快速改变的隐喻，即谷歌地图[13]（通过抽离的观察实现思维的迅速扩展）和意识手风琴，让觉知迅速扩展。我们也会使用更小的"工具"，比如指南针、电梯，还有降落伞。每种快速改变的隐喻对我们整合下一层级的抽离（谷歌地图）与投入（手风琴）都非常有帮助，而每种隐喻带来改变的方式截然不同。当然，每种方式也必有其对立面，只有当我们能真正地在投入和抽离之间来回切换时，我们才能达到学习的效果。

我们就像钢琴家一样，面对一首新曲子，会在尝试弹奏和观察全局之间来回切换。作曲家和音乐家伊戈尔·费奥多罗维奇·斯特拉文斯基（Igor Fyodorovich Stravinsky）创作了一首复杂而优美的协奏曲，并安排他的交响乐团提前几周学习演奏。两星期后，乐队指挥走到他跟前说："斯特拉文斯基先生，我很抱歉，但我必须告诉你，我们无法演奏新的协奏曲。""我知道啊，"斯特拉文斯基说，"我想要的正是你的交响乐团在试图演奏时发出的声音啊！"练习"转换思维层级"和连接价值观层级与这种做法有异曲同工之妙。我们需要引导思维在充满惊喜的学习历程中投入与抽离。我们也需要保持强有力的教练位置。

千百年来，先人们已经为你成为一个"生命音乐家"奠定了内在的基础。人类的生命本身有自己的生命：你比你想象的要超前得多！要成为像斯特拉文斯基那样的人，像他那样不仅能够总览自己的"思想协奏曲"的各个领域，也能够以自己关注的任何投入与抽离为目标进行练习。

思维地图的实践探索

你知道谷歌地图或其他 GPS（全球定位系统）吗？你可以像使用谷歌地图一样使用自己的大脑：从大的概览到细致的觉知，放大、缩小，从大画面到小细节，从抽象到具体。这种转换很容易做到。想象你自己的变焦镜头，就像教练位置一样，广角视点在抽离的教练位置上扩展成综合的价值观全景图；或缩小成微小的、投入的"此时此地"。

你很快就会发现你总是可以选择自己的起点。选择是我们人类与生俱来的。

我们的觉知在具体和抽象之间上下移动。我们看到、感受到，并为生命创造了更为广阔的内在空间。

出于实践的目的，我在这两本书中开发了很多练习，你可以从中体会到这一点。快速地从抽象转向具体，既是一门艺术，也是一门科学，然而大多数人需要实用的方法，迅速从一望无垠的"臭氧层"转换到实际应用的"地面"。在人们看来，这种转换有时似乎毫无意义，但事实并非如此。在思维电梯中快速移动，同时仍然保持着对价值观充分的连接，这需要你保持专注。不妨用本章中的练习来实践吧。

通过练习，我们注意到自己有能力平衡、思考并发展不同层次的思维。单一的意识可以自然扬升为整体的觉知。思维得以迸发出源源不断的洞见，从而将愿景和价值观意识连接起来。我们通过自身的感觉来识别出更深层次的价值观和意义。就像使用"电梯"一样，我们的觉知在具体和抽象之间上下移动。我们看到、感受到，并为生命创造了更为广阔的内在空间。

让我们来研究一下这个系统。你可能已经知道如何使用谷歌地图或其他GPS，知道如何根据自己的要求，选择任何旅程的全景视图。想象一次全球旅行，将巴黎作为你的目的地。你可以从你当前的位置上飞起来，然后借助程序看见自己"绕地球飞行"，抵达巴黎15 000米的高空。作为一个身处抽离教练位置的观察者，你可以朝着这座城市飘到5 000米的高度，近到可以看清你的目的地。最后，你可以在100米的高度航行到巴黎的老城区，在1米的高度着陆。你可以从抽离的教练位置移动到投入的教练位置，并去看看巴黎圣母院，甚至"走进去"浏览所有开放的房间和角落。你现在就可以在电脑上完成这个操作。下一步就是学会用你自己的思维，在你自己内在的"抽象层次"间完成这个操作。

有一个简单的方法，可以将思维转移到价值观之中，就像进入思维的各个"房间"一样，那就是用物理高度来进行练习。这一次，我们要在不同高度获取更多的细节。在所有这些不同的价值观层次上探索你自己的思维系统是非常有趣的。留意不同的"站点"，你可以在完全不同的整合觉知层级上下车，从抽离的教练位置进入投入的教练位置，然后再回来。你可以用我们在上一章开始使用的"具体高度"的隐喻来实践。与此同时，从抽离的教练位置进行观察，将你的觉知扩展到抽象的感知中。你也可以通过时间框架上的过去、现在和未来实现这一点，同时在水平方向上向外扩展觉知。颜色和亮度的变化可以为你提供帮助。

我邀请你使用这个视觉化练习来做价值观探索，甚至是针对非定域性的正念觉知。你甚至可以学着上升到完全非二元化的价值观领域中，然后再向下潜，进入丰富而特别的个人化探索，并有机地将这两者结合在一起。随着练习的进行，你也提升了保持在总览教练位置上的能力，并且可以保持对思维层级的关注。通过这种方式，你对进入投入和抽离的教练位置越来越驾轻就熟。

在图 7.1 中，我使用"米"作为隐喻框架，发展出一个坐标系，展示从具体的落地思考到平流层的、跨越时间的广阔价值观意识。图 7.2 提供了一个简单的模板，展示如何使用"电梯"，在不同的层级和意识之间导航和移动。

欢迎用这个模板进行测试，或用其他方式定义你隐喻式的内在地图，标示出觉知的"层级"。选择一个你感兴趣的爱好，用图 7.2 进行简单的练习。探索其中的价值观领域，从局部（非常受限于地域）的 1 米，到非定域性（non-local）的 2 万米，甚至更高更远的地方。通过这种方式，你会探索到哪些心爱的价值观？

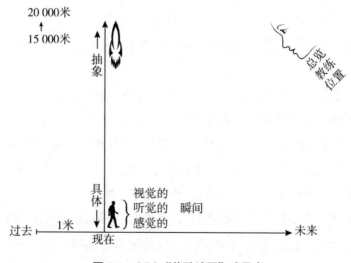

图 7.1　GPS "谷歌地图" 式思考

随着电梯的上升，你会注意到内在振频和生命脉搏的明显变化。随着我们进入生命价值观的空间，去体验那份广博，这种变化会自然发生。我们通常觉得这是一种深度放松。

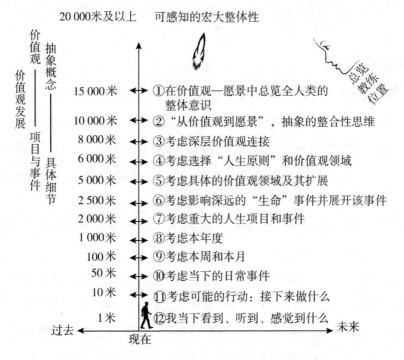

图7.2　GPS详细信息：总览范围（从精微到无限的觉知）

随着电梯的上升，你会注意到内在振频和生命脉搏的明显变化。随着我们进入生命价值观的空间，去体验那份广博，这种变化会自然发生。我们通常觉得这是一种深度放松。我们的觉知从局限深化到扩展，思维从单一的智力进化到广泛且放松的智能。我们穿梭于内在和外在的教练位置，学会辨别这种明显的转变。

有了四象限图，我们可以很容易地从最高的、非常抽象的层次——可感知的、广阔无垠的完整性和神秘莫测的愿景（20 000米及以上的觉知水平）一路向下，去到非常具体的"1米"高的具体细节。1米高的思维描述的是与眼睛高度齐平的、投入其中的、落地的思维和感受。这是关注细节的层面，让我们能够计划那些需要亲身参与的、有行动步骤的事件。[14]

有了这样一个全面而实用的模板，你就可以培养迅速地上下移动的能力。关键是要用你自己的话题来练习。针对你的能力和选择，选定其中一个关键领域，看看在不同的抽象层级上，你会看到怎样的未来。用近期的计划来一探究竟吧。

用你的思维电梯练习一会儿，然后来到教练位置，观察你正在探索的想法的范围。这意味着你可以看到未来时刻的具体要素，同时依然保持着全面且抽象的对价值观与愿景的觉知。随着不断地练习，你会在所有重要的规划层级上，发展出灵活而有力的教练位置。

在你生活的各个方面进一步探索这个问题。例如，围绕一个简单的主题练习，比如在公园里散步。针对这一主题，我们可以从一个喜爱的散步地点和公园开始。在我们的脑海中，我们可以"走进去"，开始感受每一步，闻到青草的芳香，看到花草的模样。我们可以向上移动，俯瞰我们散步的地方。再往上，看到整个公园，感受——重现的过去、现在、未来，夹杂各种情绪的想法。我们甚至可以上升到可感知的、广阔的抽象空间中，甚至进一步去到整体性与美的体验中——非个人的、非定域性的区域。在这里，牢记我们与子孙后代分享这一刻的承诺，我们可以跨越时空，传播这一刻的美好。由此，我们感受到生命的喜悦。

请注意，你具备总览全局的能力。结合价值观与愿景，你的意识可以从宏观的无限延展收缩到顷刻之间，甚至是微观的个体事件上。你的思维可以从宇宙永恒的意识切换到接下来几分钟的具体细节上。

请再次注意，垂直维度的全局注意力以指数方式向所有方向扩展：从个体的、物质的、具体的扩展至普遍的、意义的和抽象的。在图 7.1 和图 7.2 中，你可以同时看见垂直维度和时间轴。

生而为人，我们必然是项目所有者，有许多不同层次、不同种类的目标。我们为自己的生命、为家庭、为社会、为民族发声，也为全人类代言。精通意味着找到最合适的规模和层级，思考你所做的每个具体项目。你把你的兴趣范围和总览能力结合起来，以保持对每个关键领域的积极关注，让一切尽在掌握之中。

通过实践，你将掌握三种技能：

首先，你发展出了保持抽离并总览全局的"高阶"技能，看到自己活出自己的价值观和愿景。你以"教练位置"为出发点纵观全局，并学会选择合适层级的视角。

有效的四象限练习，让思维向上、向下、向内、向外移动，帮助人们摆脱耗散注意力的惯性。人们把像流光一般温暖的价值观思维照耀到生活细节中，那里最需要它们的存在。

其次，你培养了投入其中、深入体验相关层次的能力。

最后，你可以在适当的层级上，将生命旅程本身和手中的任务联系起来。

当你学习如何在项目的多个层级之间移动，同时保持全局观和全面的一致性时，你就发展了矩阵思维。你学会将教练位置带到自己的生活中。思维从最宏观的生命发展全景，回落到非常具体的、可感知的、局部的"落地"思考——这是做早餐所需要的。乘坐思维电梯换层的过程中，你可以学会留意新的洞见与新的表达方式。

为什么要用"思维GPS"

有效的四象限练习，让思维向上、向下、向内、向外移动，帮助人们摆脱耗散注意力的惯性。人们把像流光一般温暖的价值观思维照耀到生活细节中，那里最需要它们的存在。你学会轻松地穿梭于生活的所有相关层级之间，保持积极而全面的关注，同时在每个层次上都保持教练位置！

在为生活项目导航时，一个人旧有的思维惯性通常会干扰他自己自然生发的更高层次的意识流。例如，人们有时会发现自己忽然进入过去的负面思维中，回忆起曾经的语音语调和交谈对象的面部表情。在梳理项目时，人们会突然回想起过去"让自己感觉不舒服"的情境。有了教练位置的电梯，结合全局观和提升到更高层级的能力，人们学会对所有方面进行正向回应，有效地跨过这些触发点。这就像从雪丘连绵的山上滑下来一样。你学会处理旧有的消极联想，并看到自己的最佳状态。你只需要看到自己朝着积极正向的成果前进，看到自己如何绕过负面消极的事物，然后就去做！

无论我们以前的境况如何，有了全景地图和与价值观的连接，在新的领域里自我发展立即成为可能。有能力运用直觉式的全景画面，将旧的结论抛在脑后，转而做出有价值的选择，这是一件很棒的事。我们打开了一扇门，让内心涌动着慷慨与爱的自我表达。

想象"乘着电梯向下"，详细回顾情境中的挑战，这会让你准备得更加充

我们人类可以学会在所有的感官系统，以及视觉、听觉与动觉之间切换。即使我们仅仅使用一张思维地图来超越和跨越不同的抽象层次，也能达到这样的效果。有了这个技能，你可以去感受、去体验，并在各个方面保持更多的觉知。

分。这个方法很有效，尤其是当你想象自己"以最佳状态"处理这些问题时。你需要保持全局观，保持你内在能量的教练位置。

不妨在不同的项目上进行投入与抽离的练习，研究所需的意识层级。打开你自己更宽广的愿景，运用价值观思维中的核心元素。当你尝试本章及之后章节的练习，使用其中的思维地图时，你可以打开你的内视觉。

我们人类可以学会在所有的感官系统，以及视觉、听觉与动觉之间切换。即使我们仅仅使用一张思维地图来超越和跨越不同的抽象层次，也能达到这样的效果。有了这个技能，你可以去感受、去体验，并在各个方面保持更多的觉知。你会发现，当你上升到更高层级的抽象内在价值观意识时，甚至当你下降到直接的感知区域时，你也可以做到这一点。

时常在内在电梯里体验上升是很有帮助的。你可以想象在愿景与价值观的高度（10 000 米到 15 000 米）上俯瞰自己的人生，总览你的生命意图。

如果从全人类的视角来看，又会发生什么？在这个过程中，你会看到那些仅关乎个人的自私想法迅速消失。在意识提升的最高层次上，我们得以看见，惊人的人类思维设计赋予我们的神圣机会。与此相比，个人的生命只是人类不可思议的发展旅程中一块小小的垫脚石。

享受下面的练习吧！

GPS 练习 1：考量你生活中的项目

有了与人类进化旅程的紧密连接，你放松下来，开始面对你个人生活中的任务。用图 7.1 和图 7.2 来检视几个长期项目，时间跨度是 10 年到 20 年甚至更长。这些项目曾给你带来了挑战。或许，你可以简单地概览一下有关个人健康、创造力、传承、家庭或工作的项目，找到给你带来挑战的领域。乘着思维电梯向下，你可以总览每个领域 20 年或 10 年的发展。留意每个层级上最引起你兴趣的要素。

使用图 7.2 作为指引，从价值观层级逐渐下降到具体的生活要素层级。例如，在 2 500 米的高度上短暂停留，纵观你生命中的各个关键领域，并根据你的个人兴趣研究这些项目；然后再下降到 2 000 米的地方，将它们划分成不同的方面或不同的学习阶段，就像把头发分股编辫子一样。

慢慢降落到 1 000 米的高度，开始在一年甚至六个月的范围内探索你近期的项目，总览这些项目的过去、现在与未来。再向下，你可以按月和按周为你的项目划分具体的时间范围。

最终下降到 10 米的高度，看看你的一天是怎么度过的。你可能在 3 米处停下来，看到自己在接下来的几个小时中"尽最大努力"做着你承诺要做的事。

在总览全局时，时不时地到更高处很有帮助，能让你看到情感有所发展以及价值感与洞察力有所提升的地方，找到自我发展的关键线索。

现在，乘上你的思维电梯，在每个关键领域练习下降到 1 米高的地方，以你想要的方式学习与具体而实际的、以行动为导向的思维系统共舞。

在教练位置上，观察这一切的呈现。你正在创建一个重要的连接系统。当你在各个层级上练习时，你正在练习保持广阔的觉知。在你的心脑之中，让生命发展的各个特定领域融合在一起。即使当你回顾接下来可能的行动步骤时，你也要联系上你对个人潜能的最强烈的愿景，这样，你就可以逐渐提升这些方面的觉知，形成一个紧密连接的思维系统。

为了拓展你的时间范围，你可以在教练位置上总览全局，为你的生命意图设定当下能领会到的、最广阔的时间范围。如果你想看见振奋人心的愿景，就要让它变得讨人喜欢、令人愉快、充满乐趣，还得切合实际。

第八章　作为能量来源的水平维度

根据意图设定时间范围

对每个项目来说，我们每个人自然地都有水平的意图维度和垂直的注意力维度。当我们学会同时将这两个维度（注意力与意图）作为一个集合来发展时，思维的运行效率最高。我们可以用类似于在一个巨大罗盘上使用十字准线的方法来进行。我们的时间模式和聚焦习惯是意图的子集。设定了意图之后，我们会自然而然地围绕着它安排时间。同样，在我们设定了注意力的焦点之后，注意力的空间自然会打开。

从 15 000 米的高处俯瞰人类的整个传承，它是由我们在时间线上向前思考的能力所界定的，是由我们创造意图的模式决定的。有用的做法是将意愿设定得尽可能长远，甚至考虑到我们的子孙后代。如果你展望未来，也许可以看到 50 代人之后的未来，那会怎么样？想象未来的人也过着和平宁静的生活，享受着你现在所享受的波光粼粼的海洋、茂密的植被和大自然的美景。

如何围绕你的意图有效地设定未来的时间范围？在你的时间轴上，笃定地设定目标，积极地实现它们。你想在这仅此一次的、疯狂而美妙的生命中做些什么？为了拓展你的时间范围，你可以在教练位置上总览全局，为你的生命意图设定当下能领会到的、最广阔的时间范围。[15] 如果你想看见振奋人心的愿景，就要让它变得讨人喜欢、令人愉快、充满乐趣，还得切合实际。

如果我们首先把"垂直层级"理解为价值观从抽象到具体的过程，然后建立同样清晰的水平维度，或者说在时间轴上划定区间，能把愿景放到最长远的时间范围内进行管理，我们的思维就可以实现高效运行。最终，你学会了拓展你的当下，将其融入多个时间框架的思维中，就像在一台大织布机上进行编织一样，在这里，你可以将更广阔的注意力的经线和纬线编织到一起。现在，意图的丝线也被编织了进去。

基于总览视角，我们可以兴致勃勃地观察整个人类发展历程，看到我们当前的文化与价值观体系如何在历史画卷中缓缓展开。观察人类的变化，我们可以看到"人性"中有多少积极的面向已经逐渐展现出来。

当你跨越时间扩展你的视野时，是什么激发着你的兴趣？在过去 10 万年的人类历史进程中，人类感知逐步深化的过程难道不让人着迷吗？例如，你是否深入思考过我们的"过去"，探索人类灵魂的历史？我们着迷于人类祖先在旧石器时代的洞穴壁画，比如在法国拉斯科或西班牙坎塔布里亚发现的那些壁画。我们喜欢了解早期人类是如何表达自己、欢笑和一起玩耍的。新石器时代的艺术发展，比如手工长笛和祖先留下来的其他乐器，也引发了我们的兴趣。我们寻找证据来证明我们在生活中获得的乐趣，以及我们对所有音乐、艺术、数学、科学、游戏、欢笑、乐趣和人类价值观本身的欣赏。

基于总览视角，我们可以兴致勃勃地观察整个人类发展历程，看到我们当前的文化与价值观体系如何在历史画卷中缓缓展开。观察人类的变化，我们可以看到"人性"中有多少积极的面向已经逐渐展现出来。通过这种方式，我们可以开始设想，如何克服今日之挑战，为成为更温和、更有原则的人类种族迈出下一步。带着这样的思考，我们可以看到更高贵善良的人类种族，并开始创造这样的未来。

创意人生的水平范围

每个创意项目都包含两个方面。前面已经说过，要开发一个行之有效的智能系统，我们需要创建一个思维矩阵，将思维的两个关键维度（注意力和意图）结合起来。注意力设定了垂直的空间，即项目的深度。意图决定了项目的广度。我们一起来看深度和广度。

时间框架如何作为意图的子集出现？你难道没有有意识地为你所做的每个创意项目设定最有利的时间跨度？要想让项目获得成效，我们设定的时间线和激励我们的"高层级"愿景与价值观同等重要。我们在意识的"织布机"上为我们预想的每一个未来设定了具有一致性的振动频率。

你如何"设定"适合的时间线？首先，我们要问为什么这个项目对我们来说如此重要，不是吗？我们要思考，是什么让它真正值得我们去做。当我们设

从教练位置上看，开放式问题让我们可以创造性地扩展所有的选择。我们发现，"过去"和"未来"都是创造力的能量来源。

定时间框架时，我们想要把活力、创造力、趣味也编织进未来的项目中。是什么构成了你未来的快乐源泉？你愿意构建多远的未来？

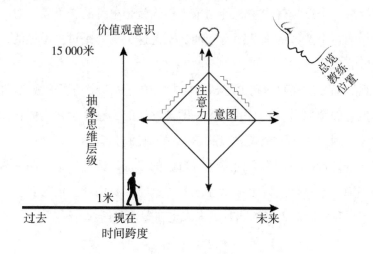

图 8.1 概览关于目标的思维矩阵潜能

评估和意图——踏上左右侧阶梯

如前所述，评估过程也像大泡泡中的一个小泡泡。你设定一个评估框架，用来思考自己的计划。这为胚胎计划的成长与成熟提供了子宫。设想一个有价值的未来，然后慢慢地构建它，这是一件美妙的事情。评估也是意图的一部分。哪些不满增强了你的意图？你想带来的改变是什么？

我们需要感谢我们的梦想与目标，并将其作为更大的生命意图的一部分。从教练位置上看，开放式问题让我们可以创造性地扩展所有的选择。我们发现，"过去"和"未来"都是创造力的能量来源。

我们可能会通过翻查过去的记忆，或者通过思考和推测未来的目标，来找到最有价值的时间线跳板。在水平轴线上，我们可以轻松地跨越、穿越和超越所有旧的选择，将所有可能的选项连接在一起，融合为高能量的愿景。我们探索了"随着时间推移"评估和比较选项的过程。

我们学会由衷认可自己的目标，致力创造光明的未来，跨越所有的小障碍，且持之以恒地专注于此。这时，我们就会成为召唤着我们向前的未来。在我们创造未来的同时，未来也在塑造我们！

你内在的评估能力让你能够评估过去的选择。如果只是联想到恐惧，你的负面评价会压缩你的感知，形成精神障碍（像掉进沟里一样）。这时，你脑中通常会重复播放一个以担忧为主题的句子。担忧就是思维的指甲盖（对于比较和审视你所做的每个选择的细节很有帮助，不论这个选择是过去做过的，还是未来可能会做的）。

全局观的练习让我们回到更广阔的视野之中，从多个角度审视自己的选择。有了教练位置的全局观，我们的目标，即被评估的主题，会帮我们找回前进的方向，把"时间线"作为个人成长的学习线。我们会看到所有的评价都可以变成积极正向的评价。我们学会由衷认可自己的目标，致力创造光明的未来，跨越所有的小障碍，且持之以恒地专注于此。这时，我们就会成为召唤着我们向前的未来。在我们创造未来的同时，未来也在塑造我们！

和谐与感恩

注意你的意图的关注点是如何被有时间范围的未来所吸引的。当你扩展未来的时间范围时，你可以从中获得力量和勇气。人们针对未来所设定的时间框架通常很短，一般只有几个月，不超过几年。通过进一步扩展这一时间范围，我们可以激发自身的创造力。

随着你扩大未来的时间范围，深化整体的价值观—愿景连接时，和谐与感恩之情会油然而生。我们需要积极正向的意图来支持我们的时间线思维，我们把这称为对生命的感恩。当我们给自己足够的自由，不论是拿起还是放下高层次的目标，和谐和感恩之情就会愈发浓烈。我们学会根据自己精心设定的标准，来建立我们对创造意图的愿景。我们的愿景也会帮助我们获得平衡，因为我们培养了相应的能力，可以在发展的每一步、每一阶段总览全局和选择关键的价值观。

平衡来自洞察力，而四象限的探索自然会助力。当你乘坐思维电梯做练习时，从不同的层级观察什么对你来说是重要的，由此你可以辨别出你自己的和谐触发器。例如，在你的时间线上，关注那些真正给你带来快乐的要素。你可以通过想象一些价值观发展的小电影来进行观察。沿着时间线，你也许也会看到自己通过各种各样的方式为他人带来快乐。尝试一下本章最后的时间范围练习2：写和谐日志。

划定梦想的时间范围

针对任何一个目标，你可以选择投入与否，也可以选择缩小或扩大其时间范围。任何时候，只要有可能，只要它真能扩展你的觉知——那就是在为未来创造价值！

我们振动／共振的层级可以提升我们赋能的能力。我们可以通过未来可能性的巨大透镜"水平"延展我们的价值观频率，就像一个祈祷者一样！你目前可以延展到多远？你会把哪些梦想延伸到你目前无法企及的地方？这个力量就像磁铁一样吸引着你。一旦调频到位，你就能感觉到这份磁力的牵引。

在水平维度和垂直维度之间建立平衡，是培养创造力的绝佳练习。你想要发展哪方面的创造力？带着全局愿景，你可以将你的项目开发成一个整体的、相互连接的系统，即可能性织布机上的织物。这个思维矩阵就变成了新事物不断涌现的游乐场。接下来，你在时间线上细化行动，使其真实发生。

数十倍的体验感与重要性

从整体上审视你现在打造成果显著的项目的方法。在设计项目流程时，你或许会用计划矩阵或时间规划工具，用SWOT（优势、劣势、机会、威胁）分析法或者三位置计划法。如果你把每个项目的时间范围扩大十倍，看到你付诸的努力收获的"超出预期的成果"，那会怎么样？你是否会找到新的动力？

在探索你"下一步"的意图时，你的评估自然会包括体验感和重要性这两个水平维度上的关键面向。你可以根据对过去经验的学习和对未来成果的展望，

当我们扩大范围，把现在的时间线拉长两倍、三倍、四倍甚至十倍时，往往会出现令人惊奇的新愿景。负面情绪会消失，我们发现自己有了新的勇气去创造。由此，我们感受到创造的喜悦！

很快学会围绕任何一个主题，建立从 1 分到 10 分的衡量标准，以确定这些评估过程的有效性。

我们会发现，用系统化的方式来设定下一步的积极意图是很有价值的。当你学会跨越时间来总览全局，将其作为顺利实施计划的框架时，展望潜在未来图景的习惯就变得特别有用。不仅如此，当我们扩大范围，把现在的时间线拉长两倍、三倍、四倍甚至十倍时，往往会出现令人惊奇的新愿景。负面情绪会消失，我们发现自己有了新的勇气去创造。由此，我们感受到创造的喜悦！

用四象限来观察时间透镜的颜色

对你来说，什么颜色代表喜悦？在总览视角上感知，你可以让流光溢彩的感激之情流进每个瞬间，流进思维的每个层级。有些人很喜欢为未来的设想赋予彩虹般的色彩，然后在脑海中播放这些画面。例如，为了激活你的生命意图，你可以用代表喜剧和游戏的颜色来创造未来的各种场景。看到自己在享受生活，在高层次看到包含戏剧冲突、人物活动与丰富色彩的清晰画面，然后看到你之后的几代人也在享受生活，这会如何影响你在生命织布机上的"编织"？

从教练位置出发，你可以注意到，现在的感知会为每个"过去的想法"加上彩色的滤镜。这是因为它们只有被包含在此刻的思维系统中，成为当下体验的一部分时，你才能注意到。颜色代表价值观。你知道戴着玫瑰色眼镜是什么感受：如果你玫瑰色的注意力集中在生活的甜蜜上，那么你的感知就是玫瑰色的，不论你看的是过去的片段细节，还是展望未来的遥远地平线！

我们既要带着长期目标向外扩展，又要专注于此时此刻，感受当下的喜悦。当我们用代表最深层价值观的颜色一起创造所有这一切时，我们可以大大提升价值观表达的强度，释放出巨大的生命潜能。

给未来加上颜色，会加速更新我们的生命意图，并激活我们向内聚焦和向外扩展的能力。当我们在愿景画面中看到自己享受着丰富多彩的项目时，我们就是在承诺去创造它。如果将同样有疗愈色彩的愿景传递给周围的人，我们就

如果我们将愿景中的重要性扩展数十倍，并将自己与这一愿景联系起来，就表明我们愿意承担真正的责任，让未来发生。

意图和时间范围的隐喻与四象限中的愿景展望是高度相关的。

是在宣告和谐与和平。颜色是一种宣告，具有巨大的力量。通过这种方式，我们共同体验到思维和身体的巨大潜能。

我们也可以在未来的布料上织出不同的图案和纹理，将美、真实、关爱与坚韧编织进去。如果我们将愿景中的重要性扩展数十倍，并将自己与这一愿景联系起来，就表明我们愿意承担真正的责任，让未来发生。

带着意图飞

让我们在这里总结一下本章的主要观点：意图和时间范围的隐喻与四象限中的愿景展望是高度相关的。它们支持我们在内在引发强烈的共鸣，触发流动的愿景画面，助力于意图的发展。当我们主导了时间线愿景以后，例如在其中加入颜色，或者拉伸时间长度，我们就拥有了永恒的意识。我们打开通往更深层觉知的大门，并开始就其真正意义建立教练位置。

为了进行有效的规划，我们需要将所有计划的"层次"与"足够宽广"的时间范围联系起来。清晰的选择需要愿景和价值观之间具备一致性，而这种一致性又需要我们提出积极正向的问题，并在面对多种选择时保持对愿景的聚焦。我们将更广阔的注意力和长期的积极意图联系起来。实践思路见图8.2。

我们也已经指出全息图的力量。究竟是什么在日常生活中吸引了我们内在的注意力？我想说的是，我们通常被四个关键领域吸引：

- 在垂直方向上，乘着思维电梯下降时，我们在感知影像中形成的具体的细节信息；
- 在垂直方向上，乘坐思维电梯一路向上，随着注意力范围的扩大和愿景的延展，我们体验到的延展后的价值观视野；
- 在水平方向上，面向过去，针对目标与意图的全方位评估；
- 在水平方向上，意图与目标的流动，着眼于未来的成果。

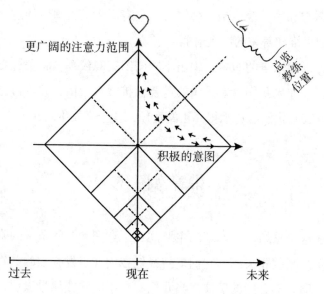

图 8.2 对价值观和意义的广泛关注

图 8.3 是总结了注意力 / 意图转换的全息图。

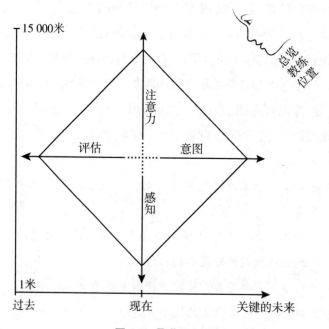

图 8.3 聚焦于何处

只有通过练习，我们才能超越被负面评估所占据的、收窄的思维系统，重新获得全观的视野。

　　此处我们看到的是四象限版本的思维转换电梯和意识织布机，它们显示出四种关键的思维习惯。这些思维习惯会牵引思维，也会极化思维。当我们系统地将其作为四个维度的技能组合来使用时，这也会进一步激发我们的想象力。

　　当我们能有意识地使用这四种思维习惯，将其培养成自己的技能时，我们就能为人类的思维设计提供强大的助力。随着你对它们的逐渐了解，你可以学会感受、识别和创造不同类型的思维，然后从高层级的总览视角，系统地观察不同类型的思维系统。

　　当这些技能被我们的恐惧利用时，困难就出现了。比如，人们经常会将他们当下的感知与对所感知的事物的批判联系起来。由于受到过往判断的限制，他们通过先前形成的预设眼镜来看问题。这时候，教练位置就消失了。这可能会导致觉知肌肉的酸痛，因为我们必须将觉知收缩到"非常小"才能做到这一点。我们可以通过图 8.4 来探究一下负面评估和感知的联系。

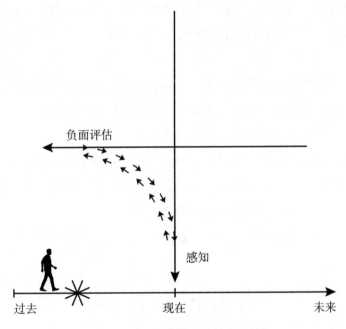

图 8.4　对感知和恐惧重现的负面评估

　　只有通过练习，我们才能超越被负面评估所占据的、收窄的思维系统，重新获得全观的视野。你可以用这些图来思考，如何在你自己的生活中发展全局

通过描绘路径，我们可以向上、向外移动到高层级的、非定域性的注意力和意图范围内，透过人类最大潜能的巨大滤镜来观察。这会带来一种觉知延展的惊人体验。我们会看到自己曾经是谁，也会看到自己正在成为谁。

观。于是，在我们审视自己的愿景时，我们可以找到吸引我们投身其中的未来，并承担起建设这一未来的责任。

向四面八方延展，超越负面评估

从空间上来看，扩展指的是向上、向外移动。我们的意识织布机编织了这个更大的愿景。与此相反，收缩意味着我们从对生命整体的觉知收缩成对一件事甚至是一个恐惧时刻的觉知。这是陪伴我们 5 000 万年之久的边缘系统脑区和情绪系统的自然反应。但实际上，若非遇到迫在眉睫的生命危险，我们并不需要任其摆布。

你可以在转瞬之间，从广阔无垠的觉知收缩成"只有此刻"的觉知。各种各样的负面评估、批判或个人的自私自利都很容易让人崩溃。不过，通过有意识地设定意图，以及进行时间范围和思维电梯的练习，你可以很快摆脱这些消极的想法。

注意，在你自己的思维剧场里，你可以轻松自如地在消极和积极的视角之间切换。当我们再次审视深远的生命意图，纵观广阔的人生愿景时，让自己的视野从极小变为极大，我们的思维得以被延展。

通过描绘路径，我们可以向上、向外移动到高层级的、非定域性的注意力和意图范围内，透过人类最大潜能的巨大滤镜来观察。这会带来一种觉知延展的惊人体验。我们会看到自己曾经是谁，也会看到自己正在成为谁。去感受这其中的价值吧，让你自己内在的人类进化模板与意识潜能来引领你的人生探索之旅。

当下意图与生命意图

意图的存在给我们带来一种内在力量，支持我们超越当前的时空，尽情地想象。我们都有这样的力量，但通常需要练习运用这种力量[16]。

当我们审视自己的生命意图时，我们的生命会做出有意义的回应。我们会释放催产素、多巴胺和内啡肽——这是大脑和身体连接时产生的化学物质。我们可以放松下来，专注于自己的意图。随着你的练习的深入，你逐渐学会了让自己放松和喜乐，无论项目进展到哪个阶段。

通过激活积极的意图，将其作为你的前进动力，你可以在水平方向上练习带着你的真实意图放飞自我。练习本章最后的几个练习。带着充分的觉知做这些练习，甚至在你阅读时就可以做。

扩展觉知，体验合一

思维总是在运动，就像风吹过树林一样。启动思维本身就是在产生动作。意识是我们存在的基础，它是共有的，我们作为一个整体体验活着的感觉。潜意识在任何时候都与这个整体相连接。然而，作为个体，我们经常有意识地扩展和收缩自己这方面的觉知，就像吸气和呼气一样。在做这两本书中的练习时，你注意到意识是如何扩展和收缩的？

扩展和收缩也会出现在你的日常生活中。或许你已经注意到，当你走进森林时，临在的丰富感知就此延展开来，就像伸出手指一样，你会感受到森林里的勃勃生机。你瞬间打开了自己的感知，甚至体验到了敬畏之情。与此相对，当你在机场的柜台前拿出护照并遵循指示进行操作时，你启用的是完全不同的思维系统。你的思维收缩到关于你个人身份的、具体的、过往形成的视角中。随着教练位置的稳定，你学会观察这些思维的转换，并享受进进出出的切换。在下一章，你将会学习如何"弹奏觉知的手风琴"，并在所有层级和所有领域中找到共鸣的乐章。

当你朝着内在现实，设定意图的时间范围，定义垂直方向上的意识层级和临在水平时，你就在定义自己注意力矩阵的"大小"。这个矩阵设定了你的这个"当下"，设定了你用来选择与改变的注意力运作系统。你定义了"当下"的大小，这样你就可以很好地掌控思维电梯。当你把教练位置融合到各个方面

通过正念地将思维映射在四象限图上，随着你的练习和思维的延展，爱和喜悦将成为你的生命背景！意图和责任将编织出你的未来。

时，你便定义了当前觉知的大小，将其作为意义与意图的矩阵。

通过练习，你的"地图"和内在游乐场将会融为一体，变成你可以真正拓展、获得成长的地方。你逐渐替换掉那些陈旧的、收缩的、消极的自我信息，在每一个觉知层级上，重新发现视野更为宽广的、积极正向的价值观视点。通过正念地将思维映射在四象限图上，随着你的练习和思维的延展，爱和喜悦将成为你的生命背景！意图和责任将编织出你的未来。

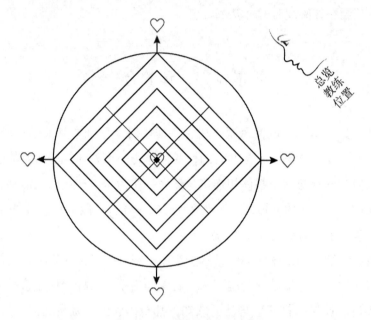

总览教练位置

图 8.5　价值观的全息扩展图

时间范围练习 1：创造之乐

如果你想选一个练习来检验本章的学习，就尝试这个练习吧：在你的生活中，设定一个寻找乐趣的意图，并在目前花时间做的具体项目中，将创造之乐规划进去。想象这份创造之乐以各种方式出现在你的项目时间线上，看到它出现的具体场景。现在，允许自己将这一份乐趣扩展到生活的其他部分，把它真正融入你"今天"的生活中——就从现在开始。

现在，为了好玩，将乐趣的注意力空间视为你四象限觉知系统的一部分，将其带入身体的、关系的、意图的和意义的觉知领域中。在你探索的每一个领域中，观想自己可以通过各种方式来强化这种乐趣。你如何让乐趣为你有意义的生命带来价值？

时间范围练习 2：写和谐日志

要让内在的平衡与和谐最大化，有用的做法是将注意力的（垂直维度）和意图的（水平维度）轴线放在一起探索，并且系统化地学习如何在两者之间移动。

在开始这个练习时，写日志是很有帮助的。坚持一周的时间，每天晚上写下三件当天唤醒你、让你真正感到感恩的事情。这是一个你可能想要一直进行下去的探索，因为即使只是列出这些简单的"清单"，也会支持你进一步发展。你可以称其为你的"和谐触发器"。

出于练习的目的，选择三个"和谐触发器"，在不同的思维层级和时间框架上进行探索。当你回到这些时刻时，你感受到怎样的内在振频？当你这样做时，你有什么发现？不妨在白天或者晚上的某个时间，花点时间来回顾一下。

用你能立即有反应的喜悦触发器来进行练习，比如一段美妙的旋律、一个绽放的笑容或一次美丽的日出。也许你想在这些时刻中加入颜色和光亮，将这种体验向四周延展开来。以投入的方式去感受这样的时刻。同时分别尝试总览全局的抽离教练位置和回归中心的投入教练位置，这样你就既能看到，又能亲身感受到扩展觉知的价值。接下来，向上移动，探索在不同的思维高度上你身体感受的延展。看见你的愿景，启动你内在的思维电梯，扩展你的时间范围，留意到你可以将所有方面都融合在一起的不同方式。结束练习时，回到抽离的教练位置，总览你所收集到的"和谐触发器"，以延展的方式探索它们的本质，即在所有方向上将这些体验同时延展。

时间范围练习3：扩展创造的价值

你是否曾经用时间线来回顾你的一生？只要你创建了强有力的教练位置，纵贯一生的时间线探索很容易。当我们从另一个维度看自己的人生地图时，教练位置总是能拓展我们的思想维度。

首先界定你的思维矩阵的整个范围。你只需要向上飘，向上，向上……在生命时间线的上方，直飘到大概1万米的高空，到达温暖的全观视野的位置上。闭上眼睛，从高处俯瞰当下这一刻。你在此刻看到一个"你"，在你下方很远的地方，看到时间线在这一刻之前和之后延伸开来。留意到你可以看到自己的整个生命时间线，从出生开始，一直延伸到最遥远的未来。想象它是广袤宇宙中一条细小而明亮的线或路。它看起来像一条发光的线，一条闪着微光的路，或者其他的什么？

放松，从这个开阔的全观位置观察。暂停一下，仔细看看你下方那条完整的时间线。现在，把注意力放在你对未来的设想上，保持高度，保持放松，保持好奇心，飘向更远的未来。保持在时间线的上方，直到你可以向下看到可能的、聚焦于价值观的"未来时刻"，带着放松的、欣赏的心态去观察。

现在，探索一个给你带来快乐的创造力触发器：或许你喜欢写作、美术、音乐、烹饪，或有其他方面的兴趣。选择一个可以给你带来快乐的爱好。

带着这种幸福感，在非常高的层级上，再次飘到未来的时间线上空。首先保持好奇，然后设想这个领域的创造力系统将如何持续发展。找到这个兴趣给你带来的鲜活有趣的想法，并深入思索。看到你自己在每个方面创造未来的价值。这个爱好正在你生命中不断成长，并贯穿你的未来。带着感恩之情去体验，去观察。

带着内心的感恩，再一次飘下来，飘下来，飘到当下这一刻，带着来自未来的幸福感……如果你希望回顾整个过程，并进一步细化你的愿景，就带着这份幸福感来做计划吧。

GPS练习2：审视你的价值观

使用图7.1和图7.2进行一些高层级的展望和思考。意识本身是进化的礼物，也是一份承诺。观察自己的生活，你可以移动到8 000米的高空上，在时间屏幕上纵观你的一生，从出生那一刻起，一直到你想要探索的最遥远的未来。想象一条闪闪发光的时间线，它上面布满了选择和变化。看看你核心价值观的发展和你基于这些价值观发展起来的原则。或许，你可以进一步探索一些具体的行动价值观，如冒险、学习和玩耍。探索从出生到现在，所有的价值观是如何激励着你的。

你可能希望找到一些独特的方式，观想这些价值观延展到你未来的图景中，比如将其想象成流动的光影、满溢的色彩。你可能会想到闪亮的氛围，环绕在成长路径周围。为你自己的成长找到象征的画面。

肯定你的价值观，感受你内心的承诺。在思维电梯中向上移动，看到属于你的人生蓝图正缓缓展开。如果可能的话，进一步延展你的设计蓝图，为全人类欣赏和感激这些价值观。当这个巨大的"人类机遇"出现在你的未来蓝图上时，感受你内心升起的承诺。因为这一份承诺，你每一天都可以焕然一新！

第九章　意识手风琴：练习临在

停止思考，放松下来，顺流而下。

——披头士乐队

"意识手风琴"的概念

意识手风琴的隐喻来源于一种叫作六角手风琴的乐器。你有没有见过手风琴演奏者通过拉开手风琴来增大音量？六角手风琴可以被拉得非常宽，我们的意识手风琴也一样。这很像我们通过意识手风琴，将垂直和水平的"电梯"连接到快速扩展的价值观范围中，发展我们的觉知，超越"仅限于个人"的思维框架。有了六角手风琴，我们在水平方向上可以做同样的扩展。

在教练位置上观想出意识手风琴，可以作为一种有效的投入式探索。在这里，你可以跨越时空，迅速扩展你对价值观的感知。带着深刻的价值观临在，通过将注意力贯穿于你的"时间范围"，你将处于一个迅速而优雅地扩展你的"当下时刻"的探索之中。

意识可以扩展到我们设定的任何框架中。而且，我们可以通过抽离的观想和投入的感知超越"个人身份认同"的习惯。用这种方式加快你转移注意力的速度是很有用的。速度是思维的天性，"光速"是意识的家园。我们可以很容易地切换到价值观欣赏的永恒时刻中。

意识手风琴的概念很重要，因为当你在人类共同拥有的价值观的背景下，纵观你自己扩展的可能性时，一切都会改变。意识进化的大背景现在正全面影响、激励和连接着一切。

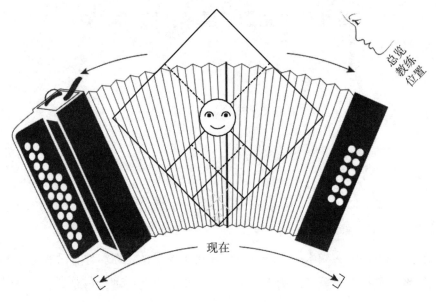

图 9.1 打开你内在的手风琴

让我们从价值观的延展开始。当你看到自己在这样做时，你就在有力地延展你的意识。在本章中，你将学习如何在教练位置上直观地观察价值观的延展。首先，你可以看到流光溢彩的价值观星系正在延展。接下来，你可以深入其中，感受它。再接下来，学习将它进一步延展开来。

以这种方式扩展四个象限的觉知，你就在延展优美而简单的生命临在之乐章。想象你的手风琴可以跨越所有层级，这样，它所演奏出来的音乐就能形成一个同频共振的振动场。打个比方，当你乘坐思维电梯上升到 20 000 米的高空时，你就能熟练地把握延展的速度。现在，练习延展，再一次让自己的思维在投入与抽离之间切换。让"你的思维"漂浮在那个声音的振动场上。感受你内在价值观乐章的核心！

开始练习的步骤有哪些？试一试本章最后的手风琴练习 1，练习从窄到宽的转换。然后，在接下来的第二个练习中，用你的意识手风琴来进一步扩展你的觉知。

智能就是一个广阔而深远、相互连接而又可以让你参与其中的价值观—愿景系统，而你就在实践中构建这个系统！

每一层级的教练位置

你可以运用四象限思维来明确你想要培养的注意力类型，并相应细化内在愿景的问题。当你能够在任何层级、任何情况下，即从 1 米到 20 000 米的注意力层级和任何时间范围内，都保持对两种教练位置的觉知时，你就熟练掌握了这样的思维。你可以借助一件又一件的事情界定自己的简单练习，并用它来设计你的自我探索练习。你可以邀请你的超意识来帮助你实现梦想。然后，你会发现你真正想要延展的价值观与愿景。

你可以把每一次练习都扩展成自我发展的思维框架，这样，你的人生就变成了时时临在的冥想。这看起来很复杂，但实际上是非常简单的，就和每一章末尾的练习一样。重要的是，将教练位置带入每一个层级。记住，用一个比喻来说，智能就是一个广阔而深远、相互连接而又可以让你参与其中的价值观—愿景系统，而你就在实践中构建这个系统！ [17]

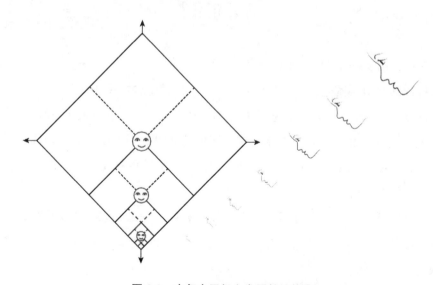

图 9.2　在每个层级上发展教练位置

当你学会想象自己向上向外延展，一路体验你的价值观时，你就与更广阔的意识域建立了深入的连接。从此，这一场域成为你永远的心灵家园。一旦产生了纠缠，我们通常会一直纠缠下去。

在自我探索的游戏中，你可能会发现自己的注意力焦点在来回转移：首先，投入其中，进入实际的感官体验中，然后，抽离开外，来到深深共振的、全观视野的教练位置。这意味着你在投入与抽离的教练位置之间切换，在所有领域中带着全然的觉知体验价值观与愿景。有了总览全局和投入其中的教练位置作为连接系统，你会发现自己倾向于在混杂的动态体验中感知、感觉与思考，既可以投入，又可以抽离。在这里，重要的是，你保持着与一切存有的同在。你可以一直保持着全知全觉。

在任何时候，将你的生命体验与二维的四象限图联系起来是很有帮助的。在许多方面，这就像量子物理学中"粒子"与"波"之间的纠缠。当我们将一颗鹅卵石投到池塘中央时，波纹就会从中心向外延展开来。不论波浪扩散到多远，在振动的波纹中的每一个水分子都相互纠缠着。这就像我们想要保持的投入的教练位置，本质上它是我们感觉到的振动，可以像手风琴一样迅速延展。

音乐创作

在你面前有一个四象限图，当你连接到整体延展的手风琴时，你可以尝试各种各样的价值观问题。你可以学习设计个人"系统学习"的练习，包括整合多个领域和层级的觉知。整合意味着将不同观点联系在一起，就像系鞋带一样。我们这样做时，就像在演奏乐器一样，把乐谱上的音符连在一起。当你这样做时，你就在创造大脑中的神经元链接。现在，你大脑的神经可塑性就成了你杠杆思维中的关键组成部分。

通过本章结尾的四个练习，用手风琴的意象来探索意识。还要记得，花点时间关注和欣赏延展的感觉。对你来说，延展是什么感觉？你感受到什么样的振频？

带着你的手风琴，从抽离的教练位置开始，然后投入延展的动作中去。投入的教练位置如何帮助你延展？当你学会想象自己向上向外延展，一路体验你的价值观时，你就与更广阔的意识域建立了深入的连接。从此，这一场域成为你永远的心灵家园。一旦产生了量子纠缠，我们通常会一直纠缠下去。

界定范围

范围的界定让你可以看到一个事件的全貌，以便你能谨慎地选择每个项目的框架或背景。你是否正在体验你的事件视界？你界定的"当下"是接下来的五分钟、一整天、下一周还是下一年？作为一个探索者，你是否愿意进一步扩展你的事件视界，甚至超越你个人的生命？你可能会探索到甚至100个世代之后，并将这份人类的深刻连接作为你的项目范围的一部分。你决定你延展的范围！

经过一些尝试之后，想象你的手风琴可以将你的事件视界延伸到远远超越你的有生之年，可能是1 000个世代之后。这样，你就可以开始以人类价值观/愿景的场域为核心，拉开你的意识手风琴。伴随着你的音乐，你可以延展到时空中的每一个角落，一路向上，一路向外，延展，延展。

找一个非常实际的目标来练习。例如，你可能是一个橄榄种植者，在你的事件视界中，你料想到5年之后才能把橄榄拿到市场上去卖。或许，项目计划需要你来定义事件视界，为了赶飞机，你需要将你的"现在"界定为两个小时的时间？

只要你扩展了背景、定义了意图，你马上就可以拉开你的意识手风琴来与之匹配。抱持、探索、感受、释放。接下来，进入教练位置，感受拓展后的体验。

也许你正在探索的项目需要延展的"当下"，以涵盖巨大的时间框架。比如，它可能指的是用你的一生支持家族的发展，还可能是指你的"觉知工程"延续数百年。设想你如何在社会发展的过程中提供服务。用思维指南针来设定你的愿景和价值观范围，以匹配生命内在的共鸣。现在走进去，投入其中，拉开你的手风琴。意识到你为自己设定的是什么——将其作为一个振动的视觉传感系统。观察这一切。使用本章结尾的四个练习来做情景练习。

用手风琴来扩展内在

我们到底在用意识手风琴练习什么？手风琴的体验与在垂直轴线上从具体细节到高度抽象的层级之间的延展有何不同？我想要告诉你的是：手风琴练习是很有力量的练习临在的方法。

步骤如下：

· 观想思维电梯的矩阵图，将其作为你价值观表达的一部分。选择一个重要的人生价值观或一段重要的人生经历来探索，并随着你的延展体验它的价值。然后快速拉开你的手风琴，感受延展后的振动的价值观觉知。
· 暂停一下，保持呼吸，用你的内心去感受延展后的心境。如果可能的话，张开双臂去感受它。
· 用心感受这种振频，以及随之而来的画面、声音或感觉。
· 从这里开始，体悟你的生命意图，聆听你内心的使命宣言。
· 在教练位置上纵观这一切。

当你完全临在时，你会变成谁？难道你不会自然而然地停下来，感受到深深的感激之情吗？在这个价值观领域中，你是否创造了丰富多彩的视觉画面——哪怕它转瞬即逝？

比如，你可能会延展你对整个生命的觉知，它就像一个巨大的、不断涨大的、轻薄的气球，里面充盈着轻松、平和与温暖的气体？或者，你看到自己像闪耀的白光一样扩散开去？关注你自己内在的隐喻，保持强有力的感知。

来试一把大的。或许你在寻找一个延展的"当下"，以创建灵活的意识系统，进入你想要体验的广阔无垠的觉知场中。与此同时，你将这份期待放在你的意识手风琴上，匹配你生命的跨度。现在，你是否可以迅速拉开你的手风琴，极尽所能地海纳这最为广阔的觉知？

探索广阔无垠的疆界，在其中玩耍，进一步实践。在藏传佛教的一些修法中，佛教徒们成为巨大的、跨星际的存在，漂浮在太空中，并将这份存在扩展到涵盖数千个星系。打开你的手风琴去探索——感受那种存在层级和那种存在的本质。

同样，拉开你的手风琴，超越想象的极限。例如，如果你可以的话，你可以考虑将你的觉知扩展到整个宇宙。如果你站在宇宙演化的大背景下，你又会扩展到什么程度？你是否发现你觉知的维度已经远远超出了通常的四个象限？

每次拉开手风琴后，再将其收回至正常范围内。不过，请注意，你每拉伸一次，你临在的能力会进一步增强，你的临在会进一步延展，下一次的拉伸会变得容易得多，就像吹气球一样。有节奏地、优雅地拉开你的手风琴也会带来不同。留意到你对他人的欣赏如何变得越来越强烈，也看到他们有能力像你这样扩展觉知。

进一步探索。设定你的指南针的搜索范围，探索你内在现实的觉知，然后将手风琴拉到最开！允许自己在这个范围的深度和宽度下，像弹奏音乐一样，弹出你内在现实的觉知的特质！

本章末尾的手风琴练习会给你更多灵感，因为你可以用很多方式来做这些练习。你可能会注意到，其中一些练习对你来说特别有吸引力，能够让你超越正常的觉知范围。其他一些练习可能达不到这样的效果。

在接下来的几周内，留意你每次都会习惯性地收缩到"个人身份认同"中。一旦注意到这一点，你就会发现，你所有的僵化思维现在都变成了你向外延展的跳板。这些练习会让你真正体验到生命中持续深化的价值观。

稍加练习，你就会发现，你正站在一片神圣的土地上，你我同是神的子民。通过一个接一个的内在练习，你可以发展并拓宽内在现实的觉知。在教练位置上，你可以欣赏每一个过程。随着你的延展，你或许会注意到和谐、爱、感恩和幽默带着各自的振频翩然而至。你也可以抽离地探索它们，留意其不同之处，就像光的脉冲一样。

我们只能作为一个整体去体验深层的觉知，这是让这些练习如此谦卑而令人愉快的原因。万物一体（all one）：孤独（alone）。我们可以随时在星光闪耀的觉知上，连接到教练位置的振频，纵观这一切。而且，它总是在当下发生。在当下，我们体会到永恒的存在。

只有你能有意识地为自己培养一种能引起共鸣的扩展意识。无论何时，当你注意到自己实际上可以随时扩展思维时，你就会在价值观觉知上变得更娴熟。时间消失了，意识作为潜在的实相浮现出来了。相互交织的多层次智能对我们所有人开放。

诗人鲁米早在几个世纪前就用诗歌提醒人们注意深层觉知的存在。他不断地把人们从生命的轮回中唤醒。他用诗歌表达了永恒的召唤：让我们在内在、在自我觉知的圣域相遇。他为临在和真理而歌唱："来吧，来吧，再来吧！"他挑战道："即使你已经打破誓言一千次，你依旧可以卷土重来！"

下面是 5 个练习。

手风琴练习 1：拓宽背景

找一个有趣的目标来测试你拉开手风琴的能力。以你自己为例，选择一个你人生中真正重要的目标。

注意，这个目标的垂直维度定义了所有潜在的游戏领域、价值观维度及围绕其展开的生命发展游戏。

你决定让这个目标包含哪些价值观和内在现实？你在总览自己的生命背景，即注意力觉知系统，将其作为视觉宣告的空间。你能与这个目标联系在一起的最深层价值观是什么？是什么价值观在召唤着你？这些问题的答案定义了你当下的高度和深度。

注意，这个目标的水平维度定义了所有可能的游戏领域，这些都"曾经是"或"可以成为"这个目标的一部分。你想在这个进化过程中学到什么？它界定了你的意图的范畴和你演奏手风琴的事件视界。它会增强你的能力，让你的目标变得更有意义。

现在就把它作为一个目标。回顾你走过的道路，展望你未来的潜能。现在，带着浓厚的兴趣，拉开你的手风琴，迅速进入这个完整的思维图景，全心全意地在所有层级上感受真相！

体验扩展的、振动的觉知，并注意内在宣告的声音。这个扩展的觉知如何增强你内在的信任呢？

手风琴练习 2：为全人类张开双臂

· 首先，走进当下永恒的瞬间，想想你渴望成为什么样的人。

· 现在，用一只手往一边"拉开你的手风琴"，眼睛望向指尖的最远端。

· 从现在开始，将你的焦点移回到过去。沿着人类发展的轨迹，追溯到最早的智人时代，甚至 1 000 个世代以前。想象人类出现在这个事件视界中。感恩整个人类历经 1 000 个世代的发展，感恩我们所有人在历史长河中的种种机遇，好像你可以在张开的手臂上看见整个时间跨度，一直向指尖的最远端延伸。

· 带着同样的兴趣，现在用你的另一只手打开另一边的手风琴，好像你可以与未来 1 000 个世代后的人来往一样。将你的手臂尽可能张开，看到最远处的指尖，让你的想象力沿着时间线跳跃，看到全人类变得更有活力、更充实、更幸福和更明智。如果我们能挺过当前的全球困境，1 000 个世代以后，我们会变成什么样？

· 现在，从最远处开始，慢慢地让两只手收回来。一点一点地，以平行的方式把它们收回到中间，同时让意识立在当下的延展了觉知的中心线上。双手合十，轻轻击掌，收回手风琴，全然感受当下延展后的临在。

- 再做一遍这个练习，再次张开双臂，拉开你的手风琴，这样你就能进一步深化你的视角。这意味着要在垂直维度上向上体验，充分连接到你的愿景与价值观。从1米到15 000米，感受你人生的深度。同时，在15 000米的层级上，体验人类价值观的广阔无际的觉知。再一次慢慢地收回你的双手，体验在所有层级上延展的价值观临在——所有这一切都汇聚成当下这一刻的深层临在。
- 你的手风琴也可以用于探索深度与高度。你可以再做一次这个练习，这一次感受人类价值观发展的全方位展现。感受特定的核心价值观，比如爱、平和、喜悦或感恩，注意它们随着时间推移出现的能量变化。你可以按照自己的意愿一次性探索这些价值观。要做到这一点，你可以在延展的画面中加上颜色。加入心的觉知，它就像带着感激振频的确定性之弦。让色彩为画面注入光亮，变成流光溢彩的宇宙——就像一颗宝石一样。
- 你在手风琴上的每个动作都是在演奏。下一步，当你双手合十时，用你的手风琴将你的价值观深深整合到核心价值观的深层临在之中。通常有用的做法是，开始感觉这就像你身体中心的一个微小的磁力点。深深临在于这种振频之中。你会注意到，你的生命是人类进化感知自身的共振通道。
- 合上手风琴，回到当下这个永恒的瞬间，欣赏既广大无垠又转瞬即逝的注意力，现在到永远，它都属于你。

手风琴练习3：探索核心价值观

这里有一些练习方式，让你可以在四个象限中探索你人生中特定的核心价值观。

1. 最宽广的点

· 首先选择一个核心价值观，欣赏它、感激它。用你的身体感受它，赋予它一个颜色。在你感受它的同时，乘思维电梯去到 15 000 米的高空，将你的注意力延展到如此的高度与广度。

· 在用你的手风琴式价值观感知在时空中向前和向后无限扩展你的意图时，保持这种深度的注意力范围。

· 在"最宽广的点"上呼吸，深深地感受它！你的意识只是简单地想象意识的扩展，注意到不断延展的颜色和光线，而你的潜意识知道如何做到这一点。

2. 拓宽 10 倍

· 现在，在你的脑海中，有意识地将手风琴拉得更开，超越你现在已经打开的最大的范围。进一步打开，直至 10 倍于这个宽度。再一次感受这种延展，再次留意其中的光亮和颜色。

· 再次向外拉开手风琴，而这一次，在教练位置上观察这一切。观察意图和价值观延展如何共同运行，如何远远超出你的想象，成为一个无限延展的、相互连接的愿景。

3. 普遍的场域——全部潜能

· 再次拉开手风琴，拉伸到价值观的最大限度（如果你能做到的话），然后通过你的身体感受这个价值观，在愿景—价值观的整体范围之中呼吸。

· 暂停一下，深深呼吸，体验这个价值观的全部潜能，在这个价值观的场域中去改变一切。

· 保持放松的临在，感恩并铭记这一广阔的觉知疆域。

手风琴练习 4：在教练位置上定义个人身份，将其当作教练位置的背景

探索几个和你日常生活相关的、重要的"现实系统"。你当前倾向于为它们设定"多大"的时间范围？

用每个项目来做小练习。在教练位置上，用内在的手风琴加速你拓宽当下尺度的能力。同时，深化对愿景和价值观的认知。也要了解这个项目的具体细节，看看这将如何提升这个项目的重要性，提升你的承诺度。你可以用刻度尺来衡量，也要关注你的聚焦程度的变化。注意，你正在感受每个项目的思维图景，这个图景就是伴随该项目展开的觉知矩阵。

花点时间，探索你自己的临在，这就是你在项目中的"身份"。当你拉开意识的手风琴时，"谁"消失了，"谁"又出现了呢？对身份的感受是否发生了变化？存在的振频改变了吗？

对于意识来说，一个焦点往往会超越另一个，然而，教练位置可以建立在任何一个焦点之上。

在教练位置上暂停一下，总览你的不同目标和它们各自的语境。留意在不同层级上出现的不同"身份认同"。长期看来，这种全观的视野给你的人生带来了什么样的进化潜能？你能否为它创造一个简单的词汇或"身份短语"？

当你走进扩展后的目标，投入地体验其中的巨大潜能，汇聚成一个"我"，这个"我"所处的生命背景是什么？有些人可能会感受到大海般的宽广，扩展后的临在有着广阔的内在空间。你会为它取什么名字？在教练位置上看，你会看到什么？当你走入其中，你又会有什么感受？这是在真正有效的长期冥想中通常会有的体验。

最后，在教练位置上观察这个"我"，你注意到哪些可能性？

手风琴练习5：在整体系统中同时演奏你的价值观

· 将手风琴的范围设定为"演奏"深层价值观（比如选择像内心平和或者爱的品质这样的价值观）的觉知，体验这种振频的扩展。记得要看到其中闪闪发光的色彩。

· 让这种价值观的振频，变成你无限延展之临在兼容并包的生命背景。张开双臂去体验吧。

· 现在，用你的手风琴为这一价值观（平和的感受）演奏出一些广阔的"音乐"，并将其整合到你的价值观核心之中。用这种方式深入体验这个价值观，将其视为一种平和的核心觉知。用你的整个身体去深化这种感受。现在，你与这个深层价值观之间的内在联系带给你怎样的体验？如果你发现设定一个心锚有用的话，就将这种体验和一种特别的音乐联系起来。

· 再次张开手臂，拉开你的意识手风琴，再次扩展，又再次收回！走进你内在的平静之域。现在，沐浴在你自己的音乐中，徜徉在平静的色彩中，体验这深深的振动。用身体的感知来进一步加深体验。在你的内心深处，这一大音希声的宁静会给你带来怎样的感受？

第十章　保持稳定的合一觉知

当下这刻，便正是永恒

没有过去，也没有未来

没有之前，也没有之后

没有昨天，也没有明天

——圣奥古斯丁

保持价值观一致性

我们正在生成合一的觉知。我们每一个人，作为一个个体，都有能力建立这种内在价值观一致性的意识，将其作为我们自己的生命发展系统，充分投入合一的觉知之中。

四象限思维就像人类的全球定位系统 GPS 一样，提供了一个动态的"空中视点"，一种兼容并包的、永远存在的价值观觉知。价值观是合一性的肌肉和肌腱。对价值观的意识是觉知的一种形式，让我们得以在四个相互交织的象限中保持平衡。价值观意识意味着，即使在我们针对最重要的事情探索自己的思维游乐场，用最清晰的整体性问题获得洞察时，我们仍然需要不断地感知内在觉知更宽广的觉知疆域。逐渐地，合一或整体性的觉知自然就会浮现出来。由此，我们体验到"深刻"的意义。

在探索心脑连接时，总览全局的教练位置是你强大的助力。在你学习抽离和投入的思考方式时，你可以尝试各种各样的思维框架，如全球定位系统、四象限阶梯、思维电梯、思维指南针、时间线和意识手风琴等。

为了培养整体性意识，我们学会把注意力从个人的思维系统转移到价值观领域中，体验这种振动的临在。通过这种方式，我们站在永恒的进化之桥上，

随着练习的深入，无论过去的身份认同如何干扰，你都会开始越来越多地体验到轻松的喜悦和自我欣赏。通过内在校准的简单流程，你学会走出旧习性和负面情绪的飓风，进入平静的风暴之眼。

而不是深陷于时间—思维之网中。在保持对觉知的觉知的同时，有意识地转换内在思维层级是发展这一技能所需的首要能力之一。这两本书中的练习可以很好地服务于此。

当你用四象限图发展出不同的内在意图时，你的探索技能会随之增强。通过对基于价值观的自我形象的观察，你正在把自己的注意力转移到内在品质上。你激活了核心价值观思维，建立了你的存在本身的游乐场。

当我们将思维地图与思维框架同实际情况的真实可行性关联起来时，我们就是在运用总览全局的能力。我们需要能够进入高层级的内在智慧之中。同时，将我们的实践应用于其他更棘手的个人情境中。我们需要进行科学的探究，并在做选择时进行一定的研究与探讨。与此同时，我们得以体验丰盛的喜乐人生，发现神圣的内在之门，圣哉，圣哉，圣哉！

定义具体目标与思维层级的思维地图可以支持你保持内在觉知，于是，你可以培养出强大的思维能力。我们就像飞行员一样，学习借助价值观地图飞行于变幻莫测的云层之上，找到最合适的飞行路线。就这样，我们爱上了飞行。

运用第七章的高度地图，你可以逐渐学会保持从 1 米到 15 000 米的觉知。有趣的是，消极的内在对话，尤其是冷嘲热讽或自我攻击的想法，通常只会出现在特定的"思维层级"上，而在其他层级上，可能万里无云、一片宁静。

有些人已经发现，在某些意识层级上，他们会遭遇猛烈的负面情绪或世俗的、普遍的自我保护想法的攻击，而在其他层级上，则风平浪静。例如，在"1 米"的高度上，身体的疼痛可能会给一些人带来困扰。另外，1 000 米高的关系问题，又会给另外一些人带来恐惧与沮丧。很有趣，不是吗？

在你检视过去的优越感、自我膨胀、自我贬低或其他带来痛苦的思维时，给需要你关注的"思维层级"贴上标签，并想象自己把核心价值观的色彩与感受带进来，就像净化空气一样。你也可以把它们带入明智的感觉中，作为一种宽恕生命的深刻体验。你可以把价值观的颜色和感受带入重要的思维层级，融入全部四个象限中，像一致性和整体性的薄雾一样。如此，你就将放松的觉知融入了这些层级中。

随着练习的深入，无论过去的身份认同如何干扰，你都会开始越来越多地体验到轻松的喜悦和自我欣赏。通过内在校准的简单流程，你学会走出旧习性和负面情绪的飓风，进入平静的风暴之眼。

用四象限图来稳定你的感知，你会有更多发现，支持你保持自我的一致性，保持不断迭代的全局观。当你把注意力聚焦在价值观上时，过去的顾虑与盲点自然会被消除。一旦确定了价值观，将其作为吸引力的中心，你就会知道如何使用你的指南针来导向。这就好比，对一个有经验的飞行员来说，之前的风暴逐渐远去，他可以更轻松地在所有思维层级之间飞行。你学会了在每个任务、每个选择中找到积极正向的、温暖的愿景与价值观的"上升气流"，从而飞得更加轻松。

我们来回顾一下所有步骤：

· 首先，设定你的意图，把一个亟须实现的目标作为自我探索的背景，连接到四象限系统中来扩展。例如，想象你的意图就像拉满的弓上搭着的一支箭。

　　第一象限——拉开意图的弓。想一想你的项目可以取得的最好成果。你最远大的目标是什么？

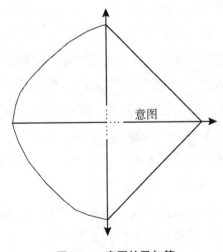

图 10.1　意图的弓与箭

第二象限——感知上：你今天会做些什么来扩展对这个项目的感知？你脑海中会出现什么画面？你会听到什么声音？你会采取什么行动？

第三象限——情感上：你想要在这个项目中享受到什么？

第四象限——意义上：你怎样才能深化这种享受，并有意识地把它变成生命中美好而有意义的一天？

- 其次，在你的思维电梯上向上扩展，观照内在的价值观觉知，连接到这四个象限的意图。与此同时，适当地扩展你的时间框架。

- 再次，看到你自己从容优雅地超越所有情绪"风暴"或负面习惯，并在广阔的价值观范围中，继续围绕着你的意图构建现实。当你宣告这个内在意图时，进入温暖觉知的大背景中，然后在脑海里创造色彩与光亮，延展你的价值观与愿景。进入其中，体验一下这种延展。

- 最后，当你朝着目标采取行动时，学会使用内在的四象限指南针，在不同层级、不同时间框架和不同的注意力象限之间导引你的视角。你可以用实际的日常探索来发展四象限智能。

你将在后续章节中学到更多方法。

- 发现如何通过既抽离又投入的观察、感受和聆听来练习保持在教练位置。用抽离的视角来观察，看到你自己在行动中，以此来设定你的意图。用投入的视角来体验，走进去测试这个意图，并调频到与之匹配的高层级一致性上。

- 在所有层级上练习积极地观察。

- 对扩展的自我认知感到好奇，特别是探索让你身处困境的思维框架或你想亲身体验的现实。例如，或许你想和家人进行更有意义的对话，或许你想以一种愉悦的方式来锻炼身体。什么样有意识的拉伸能让你养成这些习惯？

- 将全部的注意力和意图放在你的生命意图上，再一次，在你的四象限"人生框架"中"安顿下来"。

我在（Being）意味着我做（Doing），我做又意味着我有（Having）价值观觉知的生命体验。

作为动词的思维：提升稳定性

我们一直在探索用整体系统思维来激发创造性选择的方法。下一步就是探索如何提升稳定性。

首先，让自己适应对觉知的觉知。当你学会在不同思维层级上保持稳定的教练位置时，你就会真正感受到四象限思维的价值，因为你同时也学会了保持稳定的整体性觉知。对于一个喷气机飞行员来说，当他学会识别任何一种天气，在云层中穿梭自如后，他会变得更加敏捷。

四象限思维是一个循环往复的过程。因此，它可以同时疏导和凝聚多个层级的心—脑动力。当我们不再试图像解剖大脑一样解剖思维，而是找到不同方法来积极地探索、测试、观想和享受这个动态系统时，思维的运转效率最高。有了四象限系统，我们可以借用隐喻做到这一点。探索的本质是保持好奇，在每个层面上积极地进行内在学习，探索内在现实展开的过程。

就像一个登山者知道从山脚到山顶的路线一样，通过练习，你会学到如何将地形绘制成地图。将注意力转移到四象限的"价值观思考"层级——不同于探索在1米高处形成的"落地的想法"，也不同于100米处制订的具体计划和行动步骤。与此相对，与整体意识相连的"顿悟闪现"可能是非常全面的，它将扩展你的意识地图，使其远远超越你最疯狂的梦想。而你会注意到，所有层级都是紧密相连的！随着一个层级的扩展，你可以慢慢地将同样的价值观觉知带到其他层级上。我在（Being）意味着我做（Doing），我做又意味着我有（Having）价值观觉知的生命体验。

要想把我们的思维发展成生命意图的游乐场，提升意愿度，不断拉伸意图之弓，我们需要在每一个层级上逐渐探索有意义的目标，同时保持这种全局视角。游乐场真的就是你的游乐场，你一个人就可以动态操控所有的视点，创造出这种整合。

我们每个人都可以逐步提高自己的稳定性。当你将有深刻感受的价值观和进化愿景的内在场域连接起来时，你将进一步扩展这一愿景，每一步都会让你获得更深的领悟。我们变得稳定，不是通过断断续续的成长，而是通过稳步提升我们的扩展能力。我们就像宇宙一样，总是在不断延展，并在这种延展中变得稳定。

当你学会在不同领域和各个方面之间移动时，你将发展自己的创造性思维，这是一套综合技能。你在创造性地将自己的整体思维整合成清晰而连贯的临在。你逐渐学会了导航，走出思维中的"小径"，把觉知场域中所有的领域和方面连接起来。特别有用的是，将好奇的、价值观导向的创造性思维与物质的、脚踏实地的感官觉受联系起来。

其中可能包括简单的检视性问题，如：

· 第一象限：我今天的四象限意图是什么？
· 第二象限：我此刻正在经历什么？
· 第三象限：今天是什么点燃了我生命的热情？
· 第四象限：这里有什么真正的意义是我可以继续强化的？

四象限问题可能会让你体验到"量子跃迁"——你对内在整体有了充分的洞察，像一支火炬照亮整个空间一样，延展所有的觉知。如此的洞见是一种振动着的看见或感知，包含整体性的深层共鸣。"量子"这个词实际上是指完全改变整个系统的最微小变化。

达·芬奇式的思考

让我来分享一下这项研究工作的历史，分享一下我——玛丽莲，是如何一步步地探索四象限思维的。在我的早期探索中，大概是 1985 年，我开始使用达·芬奇名画《维特鲁威人》作为进一步自我发现的象征符号。我会想象自己走进图中，将四象限"叠加其上"，这样我就可以从里面感受四个象限。

多年来，我一直在进行四象限探索。我在这张图像上，用菱形画了各种各样的四象限"思维矢量图"。我的目的是提醒自己"走进去"，探索我的每一个意图——既用"心"（关系—身体的思维），又用"脑"（有意识的概念思维）。

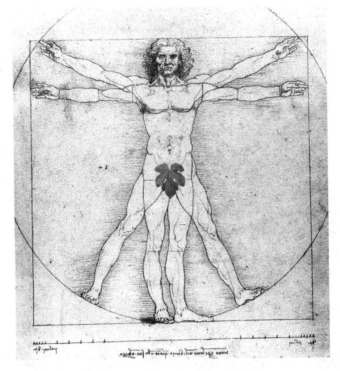

图 10.2　达·芬奇的《维特鲁威人》

从 1985 年年初开始，到 1990 年，我已经在"维特鲁威人像"上画了差不多 350 张各式各样的四象限图。画每张图都是一次实践，帮助我用不同的内在探索挑战自己。我可以走进去，测试每个区域的"想法和感受"。当我和他人共事时，这些练习尤其能够帮助我改善人际关系。

每天，我都会用维特鲁威人像来做早晨的探索。我会概览未来的连接系统，然后走进积极正向的假设中，观想通往未来的路。现在，我可以通过扩展时间／空间的矢量和框架，以及使用四象限问题将注意力引向更大范围的觉知疆域，学习进出这些旧的假设。有了思维电梯和意识手风琴，我可以测试自己快速扩展、深化和塑造思维的能力。

我也用维特鲁威人像来鼓励我自己放慢脚步，进入临在，或者拓宽视野，进入欣赏与感激的思维层级，超越旧的结论，向内深入，连接当下。我的目的始终如一，那就是去看、去感觉、去感知当下显现的任何更大的真相。我会问：今天，有什么需要被觉知？我会在四个具体的象限（身体的、情绪—关系的、意图的和意义的）中探索，如图 10.3 所示。我把自己的情感生活当作试验场，用真正有意义的思维矩阵来构建自己的下一个未来。在这个探索过程中，四种智能逐步融合。

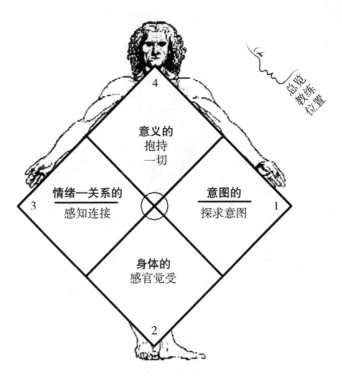

图 10.3　维特鲁威人像与关键的探索区域

用四象限作为思维框架，探索身体感觉与关系感知尤其有用。你可以通过测试不同象限，来体验不同的内在学习过程：感觉、感知、探求，以及保持与核心价值观的连接。将所有这些整合在一起，就像颤动的琴弦，融汇成一个思维系统。

保持这种连接还意味着保持至少三种觉知系统同时运转，同时让它们产生联系。

通过用维特鲁威人像来画图，我也逐渐学会了如何拓宽自己的时间框架，而不受旧有思维定式的影响。这增强了我跳脱出过往的能力，也让我看到自己可以建立有效的思维方式。保持连接，人就会变得稳定。我发现这与我保持教练位置的能力相关，而且这可以提升我这方面的能力。

作为一名咨询心理学家、一名演讲者，我听过很多对时间的说法。这些说法限制和扭曲了人们的生活。人们常说："时间扼住了我的喉咙""我在这个男人身上浪费了十年时间""我真的没有足够的时间留给自己"。这些都是令人沮丧的说法。

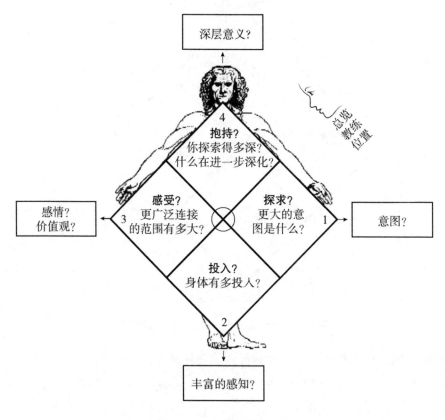

图 10.4　内在学习的关键进程

在教练位置上，你可以学会如何放大好奇心，使其贯穿并超越"个人时间"的维度。你的思维开始向广阔无垠的疆域延展，那永恒而无限的疆域。

生命是一场奇妙的戏剧，由各式各样的"融化的钟表"构成。当你能够扩展时间和身份的疆域时，你就能将幽默感和慈悲心散播其中。你自己就可以宣告这广阔的永恒疆域就是你所体验的当下，并据此决定你希望为生命实相设定的所有意图与价值观的大背景。

让我再次督促你练习教练位置。在教练位置上，你可以学会如何放大好奇心，使其贯穿并超越"个人时间"的维度。你的思维开始向广阔无垠的疆域延展，那永恒而无限的疆域。这是一个强大的延展助推器，因为"个人时间"通常不会为内在工作带来巨大的动力。把我们自己与能够提升其他生命的生命意图联系起来则更鼓舞人心。要想摆脱旧身份系统的重力（就像脱离地球吸引力一样），我们确实需要这样一个"助推火箭"。

这意味着你学会在许多层面上感知自身生命探索对于人类进化而言的价值，从而"跨越了时空"。当你看到和感觉到个人时间与更大的生命意图作为一个系统运行时，两种通向自我发展的工作方式变成了三种。当你能够保持持续的动力，成为一个笃定前行的探索者时，"第四种方式"应运而生。

为探索留出时间

使用四象限思维去扩展，并延伸你更大生命意图的隐喻维度。一次又一次，你可以看到自己的时间概念消融，然后又以"不同形式"重新出现。让"时间—空间"融入有意义的大背景之中，投身于更宽广的觉知疆域中吧。

如果我们把过去遗留下来的、深受情绪影响的时间观念太当回事，那就太荒废生命了！我们过去与负面情绪相关联的时间观念，无论是个人的还是文化中的，都是编造出来的！学会超越被你严阵以待的时间困扰，使用意识手风琴和时间线的觉知范围，让自己潜入永恒的瞬间！培养这种能力，直到你能够掌握。

生命是一场奇妙的戏剧，由各式各样的"融化的钟表"构成。当你能够扩展时间和身份的疆域时，你就能将幽默感和慈悲心散播其中。你自己就可以宣告这广阔的永恒疆域就是你所体验的当下，并据此决定你希望为生命实相设定的所有意图与价值观的大背景。你来设定它们，而不是由它们来"设定"你！你当下存在的本质，正是你所成为的人！现在的你承载着非定域性的、无所不包的觉知，它无边无际、无穷无尽，存在于这美妙的永恒瞬间。

第十一章　宣告的力量

理解宣告对于发展四象限系统觉知的力量和重要性是很重要的。我们的宣告，无论是口头的还是想象的，都塑造了我们的思维。你可能还没有注意到，你一直在用宣告来塑造你的内在世界。只有通过宣告，我们才能建立并统合一种身份认同。

宣告的本质是什么？重要的是了解你在所有陈述性语言中表达的内在承诺。积极的宣告将你与内心的愿景联系起来。这意味着宣告是非常具有整合力量的，是一扇通向自我觉知之路的大门。

相反，消极的宣告很容易就会让你止步不前。它会阻止你的前进，特别是当你做出"我就是"的口头声明时，这些声明会将你与消极的状态联系在一起。

看看这是怎么一回事。当你说"我有能力"或"我很强大"时，你立即就会找到自己的立足之地。当你说"我很虚弱"或"我生病了"时，你就会在说出口的那一刻感受到虚弱或不舒服。注意力在哪里，成果就在哪里！

因此，四象限图可以作为视觉宣告的模板，作为我们在自我探索之路上获得"整体性思维"的起点。通过使用全息地图来探索存在和自我的本质，我们扩展了自己的觉知，让自己拥有海纳百川的心量。如果我们宣告自己的思维地图是广阔无垠的觉知疆域，意识的范围就会立即延展开来。由此，我们也可以体验到这种无限延展的可能性。

思维地图，就其本质而言，可以作为一种强有力的视觉声明。任何一个四象限视觉宣告的力量都在于，当我们看到它、说出它并进入它时，我们可以建立起一个整体一致的系统。所有的"全景地图"，比如我们用四象限格式创建的地图，都可以提升我们的洞察力。我们在外部的教练位置上来审视自己的意图，此举可进一步提升我们的洞察力。为了获得有效的总览视角，我们使用开放式愿景问题和探索式问题，也使用内在的请求、承诺与宣告。当你把这些都联系在一起时，你会发现自己与创造性直觉的强连接。

断言倾向于依赖具体而详尽的、面向过去的、与时间相关联的描述，而宣告、承诺和请求则是与之截然不同的表达方式。

宣告的四种形式

在我们的表述中，我们可以创造性地运用四种陈述形式。它们分别是宣告、请求、承诺和断言。让我们把这四种形式放在四象限图上。于是，我们可以看到，从表达力量上来说，它们形成了清晰的全景系统。同样，我们可以从抽象到具体来检视这些层级。在任何对话中，我们可以做出宣告、请求、承诺，也可以做出断言。

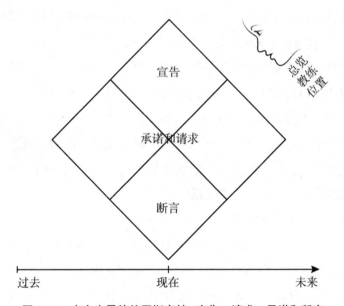

宣告

总览教练位置

承诺和请求

断言

过去　　　　　　现在　　　　　　未来

图 11.1　内在力量的俄罗斯套娃：宣告、请求、承诺和断言

在用四象限图进行总览思考时，理清宣告、承诺、请求的本质是非常重要的。这三者和第四种陈述形式——断言的语言功能非常不同。断言倾向于依赖具体而详尽的、面向过去的、与时间相关联的描述，而宣告、承诺和请求则是与之截然不同的表达方式。

定义身份和角色

根据定义，身份是永久的。"身份认同"（identity）这个词的词根（idem）的意思是同一性。如果我让你去留意自己的"身份认同"，你就会开始识别出典型的想法、行为、感觉和情绪，对吗？在探索自己的"身份"时，你就会在教练位置上观察自己的日常习惯，而且它看起来可能确实像是一个"内在的你"。

永恒是身份认同的实质。这意味着身份的宣告倾向于将身份固化为"永远不变的特质"。请注意，人们往往会坚持过去的角色认同，即使在有许多反例的情况下。例如，人们倾向于给自己贴标签："我不是天才"或者"我是家里最健忘的人"。然后人们便活在这种角色认同中。

人们经常在内心做出身份宣告，然后就忘记了。这类"我是"的陈述逐渐形成了未来整个人生的大背景。如果我们说出"我是勇敢的、有远见的、有创造力的、有好奇心的"，我们就更能活出这种特质。我们的内在对话就会从这里建立起来，成为推动我们前进的动力。

当你理解了宣告作为思维创造器的力量时，你就学会了谨慎对待任何典型的对"自我"或"他人"的定义。你尤其要学会仔细聆听有关身份的宣告，因为你会意识到这里面承载着巨大的力量，它会固化你的视角，让你认为"总是这样"。具体参见附录 G 角色认同。要知道，大部分人都活在一成不变的"老样子"里！

假如你只专注于识别你内在的无限——你是否会开始成长、改变，变得自由，从而学到更多？我们在第九章已经通过手风琴练习开始这样做了。意识的手风琴带来了关于选择和改变的巨大潜能的"视觉宣告"。

　　和他人的连接意味着我们是比自己更大的事物的一部分。我们可以明显地感觉到"我们所有人在一起"，形成一个家庭、一个团队、一个完整的生命系统。

和觉悟的自我融合

　　当你了解自己拥有创造视觉、听觉和感觉宣告的强大力量之后，你就学会了如何相应地调整自己。你现在可以超越旧的、习惯性的、限制性的、非此即彼的身份认同表述，还有充斥着负面宣言的、嘈杂的内在对话。你马上就会注意到它们！

　　在你注意到之后，你就会很清楚自己决定支持什么样的内在宣言。在你对自己说的话中，你会听到并感受到自己内心的一致程度。当你可以选择自己的内在语言时，你就可以画出一条通向更深层的整体一致性的道路。你可以宣告，旧的、消极的内在"录音"就只是录音而已。你可以用带着尊严、连接着价值观与生命意图的高层级身份宣言替代它们，这些新的宣言会点燃你内心的火焰。

　　一旦你可以针对内在的自我对话发展出稳定的教练位置，探索身份认同的想法实际上是很棒的体验。记住，教练位置本身就是一个宣告，表明你想要从学习和自我觉知的更大背景出发，创造自己的人生。这种探索是有力量的，因为你可以发展它来反映你更宽广的觉知，并支持其持续延展。然后你会提升自己的能力，来实现与更广阔的生命背景一致的深层价值观状态。

　　我们会在家庭和团队中形成身份认同。我们可以将这些情境定义为学习、选择和展望的更大框架。通过聚焦，我们就能做到这一点。我们学会请求和宣告他人的价值观，并宣告对所有人的欣赏、包容和深深的爱。

　　和他人的连接意味着我们是比自己更大的事物的一部分。我们可以明显地感觉到"我们所有人在一起"，形成一个家庭、一个团队、一个完整的生命系统。然后，我们可以学会向外扩展，感受彼此之间的同频共振，宣告一个相互共振的世界！"我们"！

任何宣告都会强有力地塑造未来。

最基本的宣告之一就是说出一句简单的"谢谢你"。"谢谢你"这句话本身就带着感激，代表一种极具创造力的强大力量。

宣告的具体类型

留意宣告的形式。它有非常明确的格式，很简单："我宣布……!"在人生的重要时刻，我们经常会这样表达。给孩子取名就是个很好的例子。当你第一次把孩子抱在怀里说"她的名字是安德莉亚"或"他的名字是彼得"时，你就是在用宣告来创造未来，不是吗？你当场宣布了这个孩子未来的名字。"我宣布她叫'安德莉亚'!"任何宣告都会强有力地塑造未来。

以运动场上的宣告为例。在某些运动中，裁判通过宣告来执行比赛规则。他会宣布"你安全了"或"你出局了"。这带来了清晰度和确定性，让比赛得以继续进行。如果裁判判定了"界外球"，他的决定就自动变成"现实"。这是即时发生的，是所有人达成了共识的。裁判有权当场宣布这些。我们已经明确了他这个角色的权威性。

只有我们能赋予裁判宣告现实的权力。在比赛的背景下，他所说的就变成了我们的真相。作为系统的自然所有者——这些系统已经被我们声明是真实的，我们赋予某人宣告的权力，然后依据我们已经授权的决策形式来宣告共识。我们自己宣告了自己身处的每一个"现实"！

假设你创建了自己的公司。当你申请公司名称时，公司"实体"就通过宣告设立了。就像初为父母一样，你创造了一个法人实体。因此，公司的使命宣言可以是非常有力量的宣告。当你确立并宣告了自己的使命后，你就为自己的未来创造了背景，为公司和团队的价值观奠定了基础。

表达感激和原谅

宣告为我们的生命奠定了基础。最基本的宣告之一就是说出一句简单的"谢谢你"。"谢谢你"这句话本身就带着感激，代表一种极具创造力的强大力量。当你说话时，注意倾听这句话的力量。只要你说出这句话，对方就会感到被感谢了！感谢被表达出来了——你也能感受到！"谢谢你"是如此有力量，它形成所有社交网络中最基本的组成部分。所有的关系、所有有爱的连接都是基于感激与欣赏……都通过宣告来表达！

同样，我们来看看宽恕的本质，它也是一种强有力的宣告形式。当我们说出"我原谅你"的时候，通过话语，我们全心全意地塑造了自己内在的世界。我们放下了所有过往的负面想法，宣告了和平。因为我们现在通过"宽恕"的视角来看待我们的世界，我们开始以不同的方式感知生命，我们开始将其作为一种持续的整体形式重新创造它。宽恕自己和他人，创造了一个全新的世界。真正的宽恕意味着我们可以在这个让人焕然一新的过程中达到高能量状态。

作为整合性宣告的四象限图

宣告可以用来建立对整合觉知的认知。我们做出宣告，同样的意识就会出现。我们进入有益于人类整体的合一之中，和自己的道德原则与诚信正直"量子纠缠"！我们将超越引人注目的内在讨论，进入对场域觉知更宽广的认知中。不过，有用的是，视觉、语言和感受上的体验式宣告本身会留在意识之中。我们创造了一个联动系统，例如，我们可以宣告整合的觉知，并开始寻找它。当我们宣告这个系统所特有的四个象限时，我们也会找到它们。

我们走进：

· 第一象限：请求并宣告我们内心的追求与意图
· 第二象限：宣告并立足于我们的临在
· 第三象限：宣告我们的核心价值观
· 第四象限：宣告这一切的深层意义

宣告可以包括对真理的展望，用言语和语气、语调表达出真理，用肢体语言阐释真理。我们只需要完全聚焦于意图与追求上，就能创造清晰而有吸引力的现实！

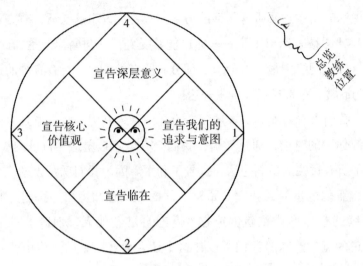

图 11.2　整合性觉知的四种宣告

　　换句话说，宣告不仅仅是口头上的。它的共振推动着我们生命向前。奇妙的是，我们可以通过任何你认为合适的内在系统做出宣告。宣告可以包括对真理的展望，用言语和语气语调表达出真理，用肢体语言阐释真理。我们只需要完全聚焦于意图与追求上，就能创造清晰而有吸引力的现实！然后，这些现实就会成为我们栖居的乐园。

特别的宣告

　　这意味着，实际上，你可以将物理空间作为整体性视觉—语言宣告的一部分，用身体重新设定一个强有力的意图。例如，你可以把地上一条三米长的线作为时间线，上面标记着过去、现在、未来。然后，你可以进入这个现实，用"视觉化的时间线"来探索你明年想要做的具体决策。或者，你可以用它来宣告，在永恒真理的背景下预见的所有充满幸福感的人生体验！

　　你也可以用这样一条实际存在的时间线来重建你的内在原谅他人的"全息图"，用清晰的宣告、时间线、状态线和你可以"踏入其中"的四象限系统图来

为了更好地完成一个项目，我们需要宣告一个真正的起点，看到完成后的喜悦在召唤我们前进。换句话说，我们需要以终为始。我们需要宣告我们做出选择的能力，宣告我们有力量步步为营、向前迈进。

进行。你也可以用其他平衡的图形来做这样的宣告，比如圆圈、平衡轮、金字塔形、等腰或等边三角形（见附录 D 图形与符号）。视觉图很容易就被设计成整体系统或全息图的模板。然后，我们可以将它们当作象征性的宣告，有力地延展我们的整体性觉知。整体性觉知就此开始在我们的内在生长。

想一想你自己的内在系统中价值观的流动。探索你的价值观优先级，是生命发展的核心。假设你有一些简单的方法，可以支持你自己和他人将价值观觉知的思维小溪融汇成一条更为宽广的价值观一致性之河，那会怎么样？假设你能很轻松地延展和深化自己对爱与感恩的体验，那又会怎么样？你难道不希望走进去，宣告你正在深化的觉知，使其继续延展吗？

一旦你真正理解了宣告的力量，你就可以开始用整合的宣告来建立自己内在直觉的生命游乐场，将其作为振动调频的清晰场域。当你调频到愿景和价值观时，你内在的共鸣就成了具有强大吸引力的磁铁，吸引着你周围的人。由此，你不仅提升了教练自己的能力，也提升了教练他人的能力。

宣告我们与更大系统的连接

对任何你确知值得做的项目，宣告 100% 的承诺是很有用的。支持他人这样做也很有帮助。例如，如果你问任何一个项目所有者，"获得这个成果会给你带来什么价值？"，你就在请求对方做出宣告。宣告我们渴望的未来可以让我们展望具体的选择，并开始兑现承诺。

为了更好地完成一个项目，我们需要宣告一个真正的起点，看到完成后的喜悦在召唤我们前进。换句话说，我们需要以终为始。我们需要宣告我们做出选择的能力，宣告我们有力量步步为营、向前迈进。我们也需要宣告自己完成工作的能力、评估工作成果的能力，并在此基础上培养新的能力。图 11.2 把这些行动步骤呈现为一段旅程。

就其本质而言，宣告总是面向所有人的。每时每刻，我们都在对所有人说话，不论这些话语是对外还是对内说出的。

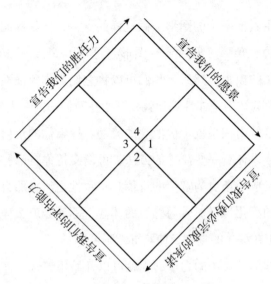

图 11.3 项目所有者的四种宣告

当我们用思维中平衡的视觉图宣告项目的所有权时，我们就在提升系统思考的能力。当我们画出一张图来宣告和描绘任何目标时，这张图也会在大脑中形成一个连接系统，而这个反射回路将会形成并完善完成目标的内在模板。这意味着，在我们运用各种要素朝着目标前进时，我们是在自己所宣告的更大系统的背景下这样做的。

无论是口头上还是视觉上（使用图形和符号）的宣告，我们很快就能学会如何融入广阔觉知之流动。宣告是创造这种积极的意义流动的好方法。我们可以用任何形式的次感元来探索和发展整体性思维，而一张作为宣告的整体性地图将帮助我们迅速连接到这样的觉知。因此，可以说，所有宣告式话语都可以变成生命的恩典，它既能带来长足的感激之情，又能促进价值观的发展。

通过愿景和宣告，我们成为自己创造的未来！通过创造平衡的、扩展的和可感知的"视觉宣言"，四象限图会帮助我们做出有力的宣告。从整体上看，我们会真正注意到自己在跟谁说话。就其本质而言，宣告总是面向所有人的。每时每刻，我们都在对所有人说话，不论这些话语是对外还是对内说出的。

承诺尤其会创造未来。教练的重要作用之一就是支持人们去承诺。承诺让梦想变得鲜活起来。当我们做出承诺时，我们看到的是不同的未来。

朝着"应许之地"前进

那么，承诺和请求的本质是什么呢？随着深思，我们可以注意到承诺和请求是特殊形式的宣告，因为宣告、承诺和请求将人们推向现在和未来的承诺。它们都在创造未来。我们正在将口头宣告转化为创造的下一步。

承诺尤其会创造未来。教练的重要作用之一就是支持人们去承诺。承诺让梦想变得鲜活起来。当我们做出承诺时，我们看到的是不同的未来。

承诺也是一种重要的宣告，把我们和永恒联系在一起。当我们信守承诺时，我们所说的就是真理。我们宣告一个个人真理或选择时，是在宣告自己"下一层级"的身份，并宣告我们从那个层级采取行动的承诺。我们的承诺现在成为我们的身份认同。只有致力实现承诺，我们才能向内更进一步。

承诺是一种具有某种特质的宣告：它引领我们进入个人承诺的闪光时刻。这是因为，承诺意味着我们用深层的力量感发出宣告。我们在说："我有能力做出这个承诺！"

对我们人类来说，道歉也是重要的承诺。道歉意味着在之前的困境中"重新承诺"。道歉让我们有能力承诺新的能力，看见真正的需求。另一个重要承诺是在具备任何领导力或赢得他人信任的领域中不断学习。这时候，我们就会成为灯塔，帮助他人鼓起勇气做同样的事。

承诺会全面影响我们的生活，因为它在思维中的回响是跨越时间的。但有意思的是，我们创造的未来总是用现在时态来表达。我们在当下描述永远。即使是我们自己说出承诺，也可以通过它所包含的广阔的水平范围来聆听，这是我们全息聆听的一部分。我们用量子的耳朵聆听永恒的世界。

请注意，承诺必然会在垂直维度上把我们推向意义的疆域。它让我们上升到价值观觉知中。当一个人做出承诺时，我们可以通过他的承诺来了解他正在成为什么样的人！有些承诺与角色共识有关，比如医生、老师或者教练。例如，针对每个人的特定情况，教练会在教练对话中遵照其角色要求，承诺保持与客户的教练关系，并向客户表达关心。

当我们聆听承诺时，当我们提出强有力的请求时，我们的聆听会支持他人承担责任。通过我们的聆听，他们做出了承诺，他们也知道这一点。他们自然会感受到承诺带来的喜悦。他们的意识领域也相应扩展，成为未来承诺的"吸引域"。

我们做出请求和承诺的空间越大，我们在每一刻感受到的内在力量就越大。作为忠实的聆听者，我们愿意提醒承诺者。他们把承诺告诉我们，于是我们可以提醒他们！

任何思维地图，比如四象限矩阵，都有助于将承诺范围从口头语言延展到视觉记录，再延展到多维度觉知的内在进程。我们的力量没有消耗在过去的事情上，而是创造一个可视化框架，将其作为通往未来的"吸引域"。

只要我们做出承诺，所有过去、现在和未来的"自我思考"就会凝聚成一个整体的、"跨越时空"的承诺与责任框架。于是，我们可以踏入其中。

请求

请求也是宣告的一种重要形式。请求会带来行动，因此它从内到外都有力量。当一个请求被提出来时，我们要么同意，要么不同意，要么激发潜能，要么采取行动。我们要么接受这个请求，要么拒绝。它要求我们明确自己的具体反应，然后要么做、要么不做。换句话说，请求需要明确的回应。例如，当人们接受了能力上的要求后，他们会产生强烈的学习意愿。对有效决策的要求会带来评估的细化。一旦提出对公平或正义的要求，就会引发人们对正在探讨的现实与观点的浓厚兴趣。我们也可以向内寻求价值观与愿景。让我们用主动请求来激活内在的回应吧！

所有的宣告、请求与承诺，当被说出、确认和聆听时，都会打开我们的觉知，变成一个承诺的空间。有了这个请求，我们就有了显示行动方案的地图。我们可以确认采取这些行动，也可以拒绝实施。我们已经创造了一个涵盖更广泛可能性的珠宝盒。现在，我们在创造中又发现了增强觉知的承诺珠宝。

假设某人有一个长期目标，想要成为一个专业的医生或工程师。那么，实现这个目标的承诺和掌握相应能力的宣告会形成他新的身份地图。

你可以观察当人们被授予专业学位或职称（可能是医生、工程师或律师）时的转变。在那一瞬间，他们的身份被彻底改变了，他们进入对新身份的承诺中。接受学位或职称的人正在成为医生或工程师，因为他们和同侪一起宣告了这一点。作为观察者，我们通过聆听他们对这份职业的承诺来判断其真正想成为什么样的人。这个层级的公开承诺现在成为他们自我创造的吸引域。他们从现在开始按照他们选择且宣告的承诺生活。我们可以在任何层级上做自我的宣告。

断言

断言是更为局部、更为具体的陈述，和前三种宣告截然不同，因为它侧重于过去的描述和具体的内容。断言要求或假定可以为所讲的内容提供证据。通过断言，我们进入了"因果关系"之中。我们为自己的断言寻找证据，并要求他人证明其断言。

断言的内容是"特定"的；相反，承诺、请求和宣告往往会让思维扩展到更大的背景中。出于这个原因，具有更广阔的觉知的四象限视觉宣告本身就意味着很有力的"承诺"。它们通过我们想象到的所有象限和层级，帮助我们以既投入又抽离的方式发展我们的思维语境。

区分需要证据的断言和声明性评估是非常必要的。当我们做出清晰的界定，避免把它们当成对某些"现实"的准确描述，导致被自己内在的描述与评价所迷惑时，我们可以成为很好的倾听者。

对智能与价值观的宣告轻轻地将我们带入智能的浪潮中，将我们卷入无边无际的价值观场域中；相反，断言式描述则实体化了一个"现实粒子"———一个将我们和某个时间与地点的细节联系起来的特定结论。我们创造了不同层级和不同类型的身份——都是我们自己设定的。我们越能注意到这一点，就越能重新设定并完善我们的正念觉知。

当我们意识到话语作为一种创造觉知的载体的力量时，我们就会成为周围人强有力的支持者。我们可以用教练式问题来引发宣告、请求和承诺，从而深化我们生命的意义！我们走出描述和断言的有限认知，通过对我们想要构建的事物进行宣告、请求与承诺，我们走进创造之中。我们创造了人类范本的内在力量。

第十二章 用视觉宣告来向外扩展

觉知：聆听启动者、推进者和完成者

你可能认识一些人，他们非常擅长启动一些事情。你也可能认识一些擅长执行和推进的人。当然还有一些人擅长收尾，完成任务的能力非常强。

那些有远见卓识而又擅长启动的人是谁呢？他们能够做出强有力的意图宣告，然后从内心出发，一步步地设计有效的行动选择，让梦想实现。要开始一件事，我们需要超越所有对梦想的恐惧，并下定决心创造一个有意义的愿景。

实现目标的第二个阶段是执行阶段。在这个阶段，我们通常需要坚毅、决心和详细的步骤——做出请求和承诺的领域。为了实施计划，我们需要聚焦于采取具体行动，并承诺不论遇到什么困难都迎难而上。我们通常会遇到曾经的恐惧小妖，诸如对失败的恐惧及对任务推进过程中得罪人的恐惧等等。

高完成度需要满足哪些条件？通常来说，我们必须有最坚定的决心和最广阔的胸襟：原谅生命中所有内在或外在的冲突，并有能力在冲突出现时仍然努力完成。例如，你可能需要重新审视一些过去的断言（要求你以某种特定的方式完成某件事的证明），而你可能确实需要摒弃它们。我们都需要赋予自己力量，放下那些不再合适的旧承诺。我们可能需要重新思考自己的承诺，更新自己的愿景，以便做出新的有效承诺。我们可以克服对内心冲突的恐惧，学会完成对我们而言真正重要的事情——不论发生什么！

你可能听过这样一个笑话：在洪水中，随着河水逐渐升高，一个男人逃到了他家的屋顶上。他一边等待着奇迹发生，一边向上帝祈祷。他拒绝了一艘救生艇、一艘船、一架直升机的救援，坚持说："上帝会帮助我的。"后来，他被淹死了。死后来到上帝面前，他抱怨道："我宣告了自己对你的信仰，但在我需要你的时候，你在哪里？"上帝回答道："我给你送了一艘救生艇、一艘船和一架直升机，但你没选啊！"

这个熟悉的笑话提醒我们，宣告只是一个开始。我们用宣告、承诺或请求点燃意图之火。然后，为了实现这个目标，我们需要做出承诺，设计行动方案。再接下来，我们需要果断采取行动。

推进：问责、追踪与自我教练

假设你是一名教练，或者你正和朋友交谈。在一段时间内，你支持他人推进一个项目。你一直在支持并鼓励他保持在正轨上。这就需要你在每次教练对话或互动中仔细聆听他下一步的行动计划。你是在要求他保持初心，一步一步地采取行动。

任何以这种方式聆听的人都是在和他人分享一个重要的过程：兑现承诺的过程。这意味着你在通过请求支持他，让他继续针对实现自己的意愿积聚力量，即使每一次意愿的实现都可能变得愈发困难。

当然，要做到这一点，你要跟进他的宣告和承诺。在每次教练对话之前，你都要问他："之前承诺要做的行动进行得怎么样了？另一个行动步骤呢？"也许，你会每个月跟这个人一起绘制一个总览图，或者进行一次宽屏总结对话，查看他的时间轴或者平衡轮，了解长期规划的执行情况，目的是检视和衡量他在各个关键领域的满意度和完成度。在这个方面有什么进展？另一方面呢？

这样的支持会给人带来极大的影响。通过在纸上将承诺可视化，用四象限、平衡轮、时间线和刻度尺等工具，你可以帮助对方创造兼具视觉宣告与语言承诺的体验，这样他就可以开始看见并宣告他的下一步行动，然后实现它们！他放下了"我不行，因为……"的断言，转而走进新的思维空间中。他宣告自己内在的游乐场是崭新的、积极的和充满希望的，所以他有无尽的生命能量。他培养了责任感。

自我教练意味着你要对自己这样做。当你用四象限图和其他模板来写自己的自我教练日志时，你将有力地释放你自己的潜能。

任何有力量的几何图，四象限或者曼陀罗式的象形图都可以支持我们培养起这种接收能力。价值观之流动随即启动，汇入价值观的海洋中。

菱形图和开放式问题

在我们宣告、请求或承诺时，在我们问任何开放式问题时，思维都会变得有创造力。四象限菱形图可以被当作一个发现系统来支持思维的创造，尤其是在我们把它和开放式问题结合时。我们的注意力就从固化的断言，从一张列出种种借口的资产负债表，转移到带来新发现的、不断变化的菱形图上。我们可以用视觉图来激发创造力，让我们变得更灵活，更愿意接受和发现新的想法。

创造力总是需要我们积极地探索，既要向内探究，又要向外探索；也需要我们有乐于接收的好奇心，对于内在直觉将给有意识的觉知带来什么的好奇心。拥有这种接收能力是开启智慧的关键。它也是绘制可视化图表的功能性成果之一。例如，在你的日志中，除了任何象限本身的纲要外，你可以用星标标记出自己的意图。

任何整体一致的视觉图都会激发有意义的向内探索，尤其是当我们把它与开放式问题结合起来使用时。图形本身会成为一个全息模板，支持你带着意图进行宣告和请求。于是，直觉系统就会做出回应。

一旦我们开始用图形来进行宣告或请求，觉察之流动就会持续、持续、持续奔涌于我们构建的所有探索活动中。任何有力量的几何图，四象限或者曼陀罗式的象形图都可以支持我们培养起这种接收能力。价值观之流动随即启动，汇入价值观的海洋中。

作为视觉宣告的四象限系统

我们一直在说，几何图模板可以用作视觉宣告。这是我们要求大家培养的技能。所有可以在整体系统中移动的图形都可以用来帮助我们朝着清晰的视觉宣告前进。例如，如果你首先宣告这个系统代表的是自我、思维、觉知或其他整体系统，你就可以用它来发现、思索、审视强有力的视觉化宣告并行动起来。你现在能够在这个背景下评估自己的能力，列出行动方案，衡量对某些方面的满意度与完成度。

你所画的四象限图表明了你的心境。将四象限图作为觉知系统，你可以把可视化图形作为一种探索形式。这会通往探索性的自我宣告，是带来自我觉察的秘诀。然后，你可以用这样的地图来捕捉能带来力量的灵光一现，看到你想要创造的任何未来。你的思维可以扩展整个思维游乐场。你需要了解"思维地图的九大要素"（见附录 F 思维地图的奥秘），其中详细介绍了创建一个丰富的自我发现矩阵的关键要素。

细节很重要。考虑画一个四象限图来衡量对某个关键领域的满意度。令人惊讶的是，四象限图上的编码会带来巨大的影响。一个"指向未来"的箭头可以成为一个吸引子，在你思考时，帮助你在脑海中提出强有力的问题。

你可能会在中心点上标记一些小箭头，从内到外分别是从 1 分到 10 分的满意度，箭头指向 10 分的满意度。这些箭头是视觉探索中非常重要的组成部分，因为我们用它们来宣告移动和进一步的发现。每一次画箭头，我们自然会提出一个内在的要求，而直觉系统会以一连串的想法和对下一步的设想来做出回应。

在我们详述自己的人生时，背景往往是缺失的思维框架。四象限图被视作一个可移动的系统，每个内容都与背景的宣告紧密相连。我们开始从"内容"的画面转向更广阔的背景，来观察我们的创造意图。下一步随即出现。我们的洞见随之"闪现"，带来令人惊奇的转变。

在画四象限图时，重要的是尽可能保持对称。当你用地图进行观察式思考时，你便处在创造性提问的模式中。你的外在体验会通过镜像神经系统映射到内在，所有的图形都有这个效果。一旦我们创造了内在的"思维画面"，我们就可以创造性地开发它。但是，如果你仅仅把创造画面当成做笔记，只是书写过去，那么思维也就只会把这些画面当作笔记而已。你要做的是，把画面用作"视觉白板"。如此一来，画面就会成为一个动态系统，支持你提出深层价值观的问题，看到未来的愿景。

当这些模板被用作工具或提示板时，我们可以将其称为"白板发现系统"。

思维的任何四象限图都为培养勇气和发展远见卓识提供了简单的白板。我们从发问和平衡的图形开始，激活自我探索之"波"。

通过增加象限、箭头、圆轮还有度量尺，你开始探索自己的可能性。用这样的白板，你可以进行卓有成效的思考，激发出更多灵感。

外在的体验会有内在的镜像。大脑自然会遵循强有力的图像产生连接，就像视觉观想会在大脑内形成连接一样。你能够在更广阔的背景下，以投入和抽离的方式来发展并检视自己的选择。这些图像激发了内在的联系，然后变成了现实。

思维的任何四象限图都为培养勇气和发展远见卓识提供了简单的白板。我们从发问和平衡的图形开始，激活自我探索之"波"。我们发现自己朝着知识的场域进一步开放，并逐渐扩展到生活的方方面面。我们跳入强大的、动态的视觉探索区域，创造持续的自我发现。

如果你在探索进程中用平衡的菱形图探索可能的未来，自我发现的内在过程就开始变得整合与连贯。一致性变得越来越直观，甚至我们对周遭的感知也变得更加平衡。当我们继续探索时，直觉将创造性地更新我们对外部的感知。

我们观察到自己的内在现实变得越来越清晰，它显示在我们全面的内在观照及关于外部世界的影像之中。我们所创建的矩阵系统越广阔（囊括过去、现在和未来），价值观基础越深厚，完成自己的事情的吸引力就越强大！美是外在的呈现，而承诺是内在的显现。当我们把自己的地图和多层级的意图与意义联系起来时，它会变得越来越稳定。它变成一个具有深层完整性的系统，成为日常生活中充满喜悦的闪光时刻。

完整性是什么

我们的内在是一个能量系统，具有巨大的连接潜能。如果被赋能，加上所有对自己或他人的宣告，我们就会一直从一切存有出发，和一切存有对话。

当我们在观想整体性时，整体性就会变成我们人生各个方面的真实背景。这意味着我们开始深入理解内在宣告的力量，不论是语言上的还是视觉上的。我们也能了解做出选择的重大责任。知识和价值观的内在场域与我们的意图联系得越来越紧密。在我们于四象限图中看到这一运动时，它自然会拉着我们前进。

当我们意识到生命就是一个"成为"的场域时，我们就扎根于"存在"之中。因为意识到（用内在的眼睛真正看到）自己是有责任的，所以我们做出承诺。由此，我们也发展出聆听内在回应的能力。因为我们理解了内在现实的振动本质，生命也成为某种祈祷仪式。我们和这一切共振，成为一个坚定的生命游乐场建造者。

祈祷者和"视觉宣言"

请注意，在我们研究宣告、承诺和请求的内在本质时，我们是在探索一种祈祷的形式。祈祷意味着我们生命的"价值观层级"已经呈现在每一个层面上，构成一个"秉持着价值观"的有意识的思维矩阵，让我们能够自然而然地接入。我们所有觉知的价值观在和一切存有对话。

为什么祈祷在世世代代的人类历史中依然如此重要？祈祷绝不仅仅是一种宗教观念。真正的祈祷意味着奉献视觉和语言上的"祝福"，作为积极正向、肯定的宣告，进入内在"成为"的广阔疆域。祈祷意味着我们向自己和他人宣告一种"海纳百川"的内在延展：承诺将真相、直觉、感恩和慷慨融入生命之中。我们承诺，自己将与他人共享基本觉知的方方面面。我们对一切存有承诺自己的"一切"。

只要我们发展了祈祷的能力，我们也就发展了提出深刻的重要问题的能力。请注意，任何基于"感知"和"抱持"内在现实的宣告，都会让我们开始朝着强有力的承诺和内在流动发展出更高、更宽广的内在疆域。我们对"我们"有了更深的理解——这个"我们"是多元的、兼容并包的。我们会有这样的体验：有能力消解过去基于恐惧的断言，并原谅所有基于恐惧形成的习惯。有意思的是，内在运动始于对整体性的视觉观想，而我们把请求和承诺视作自身存在的一部分。

我们已经跨越了负面的、过去导向的断言的极限，在内在系统中培养了信任价值观之流动的能力。我们获得了内在的创造力和培养多样化世代[18]的包容之心。

强有力的四象限愿景会发展我们的为人。在我们宣告我们的价值观并将其认定为自己生活的场域后，宇宙也在变化。如果我们用听觉、视觉和感受结合的方式来祈祷，那么，我们创造的任何系统化愿景都会支持我们前进。我们正发展着内在的平衡和灵活性，让愿景变成现实。

逐步显现的生命

我们的视觉宣告、我们的创造，就像将石头投入池塘。有了思维模板和视觉化白板，我们可以支持自己看到思维涟漪开始向外扩散，轻轻地向外扩散。通过想象中的扩散，觉知的涟漪也会不断延展开来。这意味着，通过清晰的视觉宣告，你成为广阔的、不断延展的觉知的所有者。你可以看到铺陈在你眼前的行动步骤，也可以回望你走过的路。你，你自己，现在成为自我表达的正确的综合品质。

这是一个朋友的故事，它展示出了宣告是如何运作的，即使只是一个简单而有力的语言宣告。

"几年前，在我19岁的时候，我是一个登山俱乐部的登山者。当时波兰正实行戒严令。那被称为'镇压'，意味着我们不能旅行，哪怕只是去最近的城镇。有一天，另一个俱乐部的登山者在参加我们的登山会议时说：'谁想去喜马拉雅山？'他挨个儿问：'你想去喜马拉雅山吗？'他们要么回答'不可能的，戒严啊'，要么说'我没法去，没钱'。会议快结束时，他来找我，而他的话为我创造了愿景。这个愿景像磁铁一样吸引着我。不知怎么回事，从我内心深处传来了一个声音，'我要去！'在此之后，我又度过了9个月时间，但是我实现了这个愿景。我找到了令人意想不到的赚钱方法，而且不知怎么回事，这件事成行了。它真的发生了。在我刚满20岁时，我就成了一个真正的喜马拉雅探险

我们需要积极聆听,聆听显现的本质。一旦我们注意到视觉化和言语表达是生命显现的形式,我们就开始在所有层面体验到它。通过我们的宣告,我们彰显了自己的生命。

我们向外寻求清晰的视野(sight),向内探寻清晰的洞见(insight)!我们为内在的完整性绘制了清晰的地图,这样我们就可以承诺与内在完整性保持协调一致。

队成员。第一次探险是由一个和我住在同一个城市的学生组织的。这件事改变了我的人生。第二年,我组织了自己的探险队。"

对我们来说,作为聆听者,了解如何聆听人们的视觉宣告和语言宣告是很有用的,当然也包括你自己的宣告。这实际上是生命的一种显现形式。我们需要积极聆听,聆听显现的本质。一旦我们注意到视觉化和言语表达是生命显现的形式,我们就开始在所有层面体验到它。通过我们的宣告,我们彰显了自己的生命。

我们可以带着"赋能的耳朵",聆听自己和他人发出的所有宣告!同样,这和任何视觉的、语言的和感受的虔诚祈祷没什么不同!

是什么支持我们的生命有力地显现

承诺的三个方面会建立起强有力的"吸引子"场域,而这个场域会变成建构智能系统的下一步。当我们把宣告当作强有力的正式承诺时,就像祈祷一样,我们就在让这一宣告显现。

· 首先,我们展现了一个清晰而完整的系统,任何平衡的全息图都有助于这一系统的呈现。
· 其次,我们承诺在行动层面的整体性。我们看到自己在真实行动中的表现。
· 最后,我们宣告在教练位置上观察自己的承诺。我们从一个视野广阔的视角出发,看到自己的所有可能性。

这意味着,无论在视觉上还是在语言上,我们都学会了创造思维地图,开拓思维疆域。我们创造的地图、使用的模板及我们希望实现的祈祷,都扩展了我们的"身份",以匹配我们所承诺的可能性。逐渐地,它们形成了我们更为广博的思维疆域。我们向外寻求清晰的视野(sight),向内探寻清晰的洞见

（insight）！我们为内在的完整性绘制了清晰的地图，这样我们就可以承诺与内在完整性保持协调一致。

四象限图可以支持我们保持教练位置，观察自己的内在世界。宣告、承诺、请求和祈祷支持我们进入这个创造过程。这个过程是深思熟虑的，它放大了我们全情投入的生命。我们创造了一幅整体性地图，从而可以持续思考，遵守我们的整体性宣告。然后，我们可以学会通过强有力的内在请求和积极的承诺来实现所选择的愿景。

现在，为你祈祷：

> 愿浩瀚的智能成为你的心灵故乡。愿广阔的心觉成为你的自我觉知。愿你回归内在的动态整体性。这是一个星光灿烂的宇宙，我们所有人都于此同在。万岁！

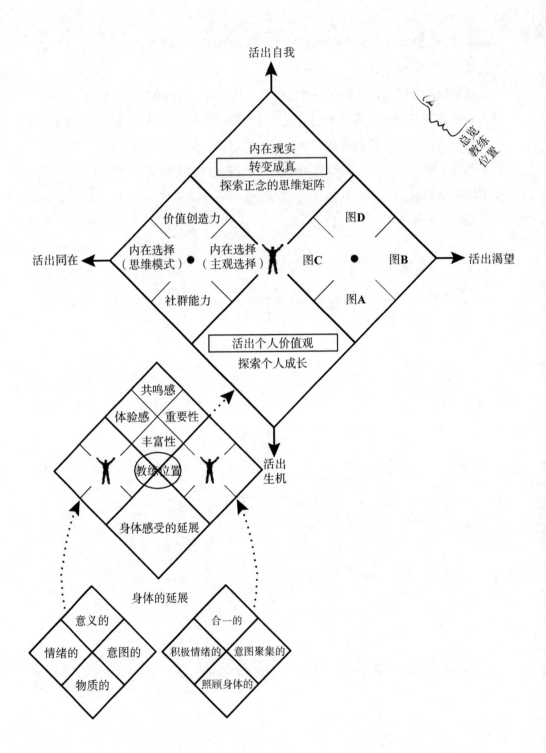

活出自我

总览教练位置

内在现实
转变成真
探索正念的思维矩阵

价值创造力

图D

活出同在

内在选择
（思维模式）

内在选择
（主观选择）

图C

图B

活出渴望

社群能力

图A

活出个人价值观
探索个人成长

共鸣感

体验感　重要性

丰富性

教练位置

活出生机

身体感受的延展

身体的延展

意义的

合一的

情绪的　意图的

积极情绪的　意图聚集的

物质的

照顾身体的

附　录

附录 A　发展教练位置

什么是教练位置

　　教练位置是一个中立、客观、不评判的观察者视角。我们在具体场景中发展出这样的视角，好像从外向内看一样。当你需要用观察者的思维框架来思考，从中放松身心并了解自己当前的想法时，这个视角是非常有帮助的。你也可以将其称为"禅宗的超脱静坐"。在这个位置上，你可以纵观系统内的所有要素。

　　在我们做出改变之前，特别是要改变我们的想法或情绪惯性时，我们需要看到事物的全貌。在你的生命中保持教练位置意味着，从整个系统的角度理解意识、创造觉察。这也意味着，你将向内宣告自己的意愿，让自己在生命中保持开阔的视野，保持中立、不评判的视角。

　　教练位置可以说是一个精巧复杂的、由许多零部件组成的精密仪器中的关键装置。其所在之处，正是观察整个仪器运行机制的中心。从内部看，它可以保证系统中所有零件的和谐运转，协调不同观点。从外部看，它提供的是观察所有部件的整体视角，从这个位置可以看到不同部件之间的关联。在教练位置，教练们可以看见作为一个整体的生命是如何展开的，而不是仅仅看到所有部分之总和。这是一个创造性视角。通过这个视角，我们主动创造出观察的事物。

　　在你的意识看来，采取一个中立而客观的观察者视角看起来有点置身事外，甚至乏味。然而，实际上，正是通过这样一个超然物外的视角，我们可以获得丰富的感知，从而实现真正的转变。

真相的流动

　　系统中的每一个观点都只有部分正确，因此是比较受限的。当一个人领悟

教练位置始终是一个动态视角，是能让人看见人生整体图景的核心位置，但其所及的视野又比该图景更广阔。

到在任何情况下都没有绝对正确的观点时，他就可以自由地扩展觉知，并开始从许多不同的视角进行探索。随着我们减少对旧思维惯性的依赖，我们的创造力自然会得到发展。我们可以变得从容不迫，安身于当下的每一刻，观察思维的流动。

从定义上来说，在每个相对受限的视角之外，始终有一个可以总览全局的教练位置。为了支持自己和他人了悟人生意图，建立良好的关系，实现重要的目标，过上自己热爱的生活，我们需要为自己搭建一个观察平台。在这个平台上，我们可以通过多重视角来重新审视我们的世界，而不是基于受限的视角而作茧自缚。举个例子，假设发生了一件令人匪夷所思的事情，有五个目击者，那么，也将出现五种不同的观点或事实陈述，每一种都代表了整个真相的一部分。有能力灵活地选择更为广阔的视野意味着，我们可以超越任何一个单一视角，可以自如地转换视角，从而也可以理解其他观点。我们学会暂时放下自己的评判、喜好与自动化反应。带着在教练位置上的觉知，我们可以拥有更多的资源，所以也更容易在当前的情境中得偿所愿。

教练位置始终是一个动态视角，是能让人看见人生整体图景的核心位置，但其所及的视野又比该图景更广阔。在你的内在对话中保持教练位置意味着，观察自己脑中一系列的思考过程，并在同一时间找到自己最深层的内在现实。这可能是迄今为止应用最为广泛的思维框架。在任何一个教练位置上，你都可以总览当下的人生动态。

对话中的扩展视角

带着对教练位置的承诺，我们发展出广阔觉察之流动，它十分精微，却汹涌澎湃；换句话说，你可以感受到开阔视野的心流。你迎着更广博的自我敞开了心扉，从而也为对话中的另一方开阔了视野。这非常重要，特别是在艰难的对话中。

保持教练位置可以促进任何一段对话的转化。你自然会开始在自己与说话对象之间建立起转化的意识。通过暂时放下自己的个人观点，真正地好奇他人的发现，你可以与他人建立信任。你带着真正的好奇心问出开放式问题。这意味着，你进入放松的广阔觉察之流动，意识到面前这个人有着更大的人生目标，并在当下用心地感受着他与人生目标之间的共振。

你可以在教练位置上为这个人的探索抱持干净的空间，这样他就可以自由地选择对自己有帮助的视角。如果你也可以这样对待自己，就会引发真正的对话。通过这个扩展视角，人们得以实现真正的交流。

观想教练位置

有许多的方式可以帮助你进入教练位置。它们通常以内心的宣告与深刻的决心为开端。行之有效的一步是通过内在宣告进入教练位置。意图明确且经过深思熟虑的立场会带来让人难以置信的价值。

在困境中保持稳定的教练位置的一种有效方法是，想象自己从至少500米高的地方看向当前的处境。20世纪著名的加拿大曲棍球运动员韦恩·格雷茨基（Wayne Gretzky），为了应对艰难的比赛而发展出这个习惯。在冰上决一胜负的时刻，当冰球在不同球员之间迅速传递时，他会想象自己从体育场的天花板上看向整个赛场，观察所有球员的运动轨迹，包括他自己的。紧接着，他会迅速滑到冰球在几记击打后将出现的位置。他以在合适的时机出现于合适的地点并打出"致命一击"而闻名，而这源于他可以在关键时刻"预想"整个比赛的赛况。

另一个关于教练位置的绝佳类比是大型足球场中的升高看台，也称"天厢"。在那里，人们可以从多个俯瞰视角去观看一场球赛。

球场边上的大多数位置容易把人带入其中。在那里，你的情绪可能会随着球员们的表现而产生剧烈波动。天厢则不同，我们可以在这里保持教练位置，从很高的视角俯瞰整个赛场。请注意，这意味着我们自然地进入广阔觉察之流动中。在这里，我们可以看见所有组成部分如何协同运作，并随着时间推移发生变化。这相当于从整个系统的弹性视角出发，理解整体或创造觉察。除此之外，教练位置还包括从天厢甚至从更高的地方，看见生命的全貌。

除了天厢的比喻以外，为了观想教练位置，有些人会想象自己坐在一把特别的椅子上总览全局；另一些人则想象打开一道通往广阔觉察的门，或乘坐电梯上移到更高的观察点，从山顶上俯瞰，甚至还可以想象自己从外太空往回看，或穿越时间回望过去。哪种方法最适合你？无论你选择哪种方法，其关键仍然是无限延展的听觉、感觉与全系统视觉。

尝试用不同的视觉隐喻来辅助教练位置的练习：

· 你可以使用内在注意力的"控制面板"来控制自己的意识。记得打开好奇心与全息聆听的开关。
· 你也可以坐电梯一层一层地上升，始终从"更高"的视角看向当前的情境。
· 你还可以用"魔杖"施展彩色魔法，借此来转换思维与转移注意力，观察色彩随着时间发生变化。

我们的目标是，从最广阔的视角看见我们当前的"处境"。还有许多方法可以帮助我们锻炼教练位置的思维肌肉。我们鼓励你找到属于自己的有趣方式。

从粒子到波

隐喻式地说，从思维发展的角度来看，我们开始从某个"部分"或粒子思维（仅强调自己的某一个观点）转向发展之"波"，并将这种可能性之波视为持续运动。我们带着乐趣扩展我们的动态视角。

继续增加视觉元素，尽情欣赏自己想象中的事物，使你的发展之波成为"视觉宣告"。

在你提出自己的开放式问题时，请尽可能继续保持这个总览视角。你很快就会知道，如何触发广阔的观察式觉察与深层次聆听的流动体验。

你内在的生命承诺将为所有层次的自我觉察与视角带来助力。这自然会扩展你的意识，反过来也会扩展你的生命。

对你的内在保持教练位置

当你走进自己人生中的教练位置时，抱持着教练位置的自我会带你深入领悟与觉醒的中心地带。如果你想象自己在照镜子，你很快就会把视野扩大到镜子之外，看到远处的风景。你内在的生命承诺将为所有层次的自我觉察与视角带来助力。这自然会扩展你的意识，反过来也会扩展你的生命。

整个探索所需要的自律并非易事。在生命中保持教练位置需要的是，在这个自我觉察的过程中找到真正的乐趣并持续投入。这可能意味着要像研究人员或求知欲旺盛的科学家一样思考：做笔记，详细记录你的发现，并对比随着时间变化而产生的差异，发现其中的模式与规律。不妨把你的生命视作一次"英雄之旅"，这样，你就会敢于采取必要的行动。

在自己的生命中保持教练位置需要持续地自我观察。这需要你不断打磨对你而言重要的开放式问题，并向内心发问。你学着邀请自己的深层觉知与你一起观察与思考。这是非常有价值的，特别是当我们探索自己的生命意图，意识到自己拥有更广阔的生命时。卓有成效的自我教练者会问："我从当前内在与外在的体验中收获的关键领悟是什么？哪些步骤适合我？下一步是什么？"

面向自我的教练位置让你成为一个总览者与见证者的角色。在这里，你可以更轻松地对不同视角进行试验，这些视角可能会帮助你了解自己的内在投射或对话。通过有意识地转换视角，站在他人的角度聆听、观察和感受，我们可以拓展自身的能力。因为我们越来越能够以智慧的内在教练为准绳，从尽可能多的视角看到整体，我们就能收集到越来越全面的想法和观点，做出明智的选择。这也就是说，通过保持教练位置，特别是面对自己的想法、面对自己针对不同观点产生的质疑时，也能同样保持教练位置，我们便为自己永无止境的探索创造了空间。

在你自己的项目中保持教练位置，整体把握项目中的技能、任务与其中的关联。这让你的意图小舟可以驰骋在注意力洋流汹涌澎湃的生命之海上。你正在探索你的人生目标，为的是发现真正的人生价值。

当我们可以在教练位置上纵观人生时，我们就可以绘制出新的人生地图。我们点燃内心的火焰，满怀热情地了解自我，让富有创造力的生命徐徐展开。我们内外兼修，致力探索生命项目和我们自己的发展，享受其中的创造与成果，而又不执着于此。

意图明确的总览视角与收缩意识的情感隔离

区分总览视角和情感隔离是非常重要的。前者是放松的、意图明确的；后者是孩子为了摆脱恐惧和其他负面情绪而产生的。基于恐惧的情感隔离是人的自然反应，是受创伤后"情绪脑"迅速重整的一种机制。它导致了自动反应的情感隔离惯性。这是一种单向的生存机制，会进一步造成自我封闭。教练位置的总览视角则不同，不仅可以拓宽我们的选择范围，也可以提升我们的自由度。真正的教练位置让我们可以打开自己，学会观察过往的内在对话和封闭惯性，同时，也学会感激那曾在压力下树起高墙的年轻人——我们自己。

这有助于让我们了解，我们有体验情绪的自由，也有将其放在一边的自由。举例来说，有一次在培训时，有人在早间休息时告诉我，我的一位好朋友去世了。当时的现场状况非常棘手，需要我投注全部的注意力。为了处理自己在那个当下强烈的悲痛之情，我选择进入教练位置。怀着对自己的嘉许与对朋友的爱，我想象自己升到高处，脱离当下汹涌的情绪。我要求自己的潜意识在接下来一整天的课程中保持这样的全局意识。稍后，回到家中，我终于可以释放这些悲痛，让眼泪落下。

消极的内在对话往往伴随着意识收缩的情感隔离。通过保持教练位置，我们发现如何自然地看待，并原谅这些消极的内在对话——通畅因自我保护和情感隔离而产生。现在，我们可以把这段委屈、抱怨与自我苛责的时光视为自我发展过程中的一个重要阶段。当我们在教练位置上重新审视不同的人生阶段时，我们放下过去的自我评判，将过往的经历视作一份成长的礼物，把自己看成一个值得被爱的人。与此同时，我们也意识到，在教练位置上的实践也会给身边的人带来改变。

我们也会获得超越这一阶段的成长。虽然我们此时仍能感受到所有的旧情绪，但不会受其影响，而是可以有选择地去面对。

为了成长，我们需要欣赏这些旧情绪，并了解它们如何影响我们的生活。这意味着，我们放下过去的自我评判，将过往的经历视作一份成长的礼物，把自己看成一个值得被爱的人。与此同时，我们也意识到，在教练位置上的实践也会给身边的人带来改变。抽离的自我观察让我们有更多体验生命的自由。通过这种方式，我们也能够营建出一个意识共享的场域，其中也包括给予我们身边所有人更多自由。

1973 年，作为一名年轻的心理学者，我在一个心理学院学习了一年。学习的主题是"感受并表达你自己隐藏的负面情绪"。我们学习如何挖掘这些情绪，并将它们表达出来。资深的心理工作者们在"情绪疗愈"过程中典型的引导词是："找一个枕头，把它当成你的妈妈。向她展示你真实的感受。"在那一年的时间里，通过观察自己与他人的表达，我发现这种方法基本上是弊大于利的。因为负面情绪不断卷土重来。我们完全可以用另一种方法来替代：只是简单地观察感受的出现，进入其中来体会其强度，不带任何个人解读。

所有表达都会产生共鸣，而且情绪一旦被表达出来，其语音会再一次被大脑记录下来形成记忆，不被表达的内心感受则不会。当我们能在教练位置上观察每种身体或情绪反应时，我们就把教练位置变成了真正的存在之地。在这里，过往的情绪与信念会逐渐被瓦解。这赋予我们一项新的能力，让我们可以有选择地活在当下。在量子世界的隐喻中，我们正驻留于更广阔的可能性之波中。在这里，我们可以激荡出未来的一切可能，而不是深陷于一种情绪表达或受制于某个"粒子"。

我们与万有一体（allness）之波同在，并随着它的波动继续延展。一切都是可见的、可感的、被允许的。你正带着嘉许与慈悲，看着自己的想法与感受来来去去。你就是无限扩展着的觉察，就在当下体验着自由之"波"。

练习：内在创造力的镜头——五分钟开启广角的注意力

是否有一个特别的地方，是你在需要沉思时会去的？

例如，我们当中有些人可能会在花园的角落里放一把小椅子；有些人则会把小椅子放置在街心公园或码头的尽头。那些生活在乡村的人可能会选择可以俯瞰全景的地方，比如山顶、半山腰或者海边的悬崖上。有时候，人们会为自己布置一个特别的房间，里面贴满冥想图片，飘扬着特别的音乐声。例如，英国作家阿道斯·赫胥黎（Aldous Huxley），在他的私人书房里摆着他的"创意之椅"。他会坐在那里，打开自己的"内在创造力镜头"。在这个简单的仪式之后，那些绝妙的想法就会来到他的脑中。

在你脑海里找到这样一个地方，用心连接，感受内在的共鸣。准备好了吗？步骤如下：

- 在接下来的 5 分钟里，你将纵观自己的人生，了解自己的人生意图与规划。在整个过程中，请保持在教练位置上。
- 如果你手边有一个计时器的话，将计时器设置为五分钟。
- 在你的脑海中，走进你自己的专属空间，想象自己在那里安顿下来。你可以通过想象完成这个步骤，也可以实际找一个地方。总之，要让自己进入教练位置。
- 找到合适的教练位置后，走进去，放松下来，深呼吸，让呼吸舒缓下来。想象自己打开了内在的照相机。你看到开关了吗？
- 从现在开始，有意识地从当前的生活中抽离出来，观察自己当下的生活。安坐于教练位置上，徜徉于广阔觉察之流动中，观察你的人生屏幕上显示的所有内容。
- 保持深长的呼吸，感受身体的律动。在你的想象中，基于你的实际感受，用你所有的感官感知当下这一刻。

进出教练位置是非常有意义的练习，可在一天当中的任何时刻使用。当你发现自己的思维陷入混乱时，那就是最好的练习时间。

· 现在，问自己一些基本的与未来相关的问题，这些问题与你的人生目标紧密相关，比如："在我当前的生命中，我真正想要的是什么？""我要把自己的力量用在哪里，才能实现这种可能性？"

得到回应后，请保持好奇，继续发问："通过获得这个，我想要的是什么？还有什么是更重要的？"闭上双眼，感受每一个回应，获取更深层的意义。接下来，你可以问自己："我想在每一天每一刻活出怎样的价值观？"

这些问题让教练位置可以进一步延伸。现在，从教练位置出发，将你的镜头焦距调整到超广角，看见自己的整个生命历程。观察的同时，进入你自己的内在世界，看到自己在人生中完全活出了自我，完成了你的生命意图。不要停留或受限于任何吸引你注意力的特定领域。让觉察充分延展。当你这样做的时候，保持超广角，看到在整个生命图景中涌现出来的所有创意、意愿、图像与想法。让灵感在你的生命巨画上挥洒。留意一下，这之中有什么是你之前从未想过的。

保持在教练位置上，此时，你注意到这个超广角的位置正是生命意义的恢宏背景之所在。即使在你放松和观察时，你也在唤醒你的生命意图。这可能只是一种"感觉到的意识"，或者其他让你感到回归的事物。注意，它是发展过程中的考验，请欣赏它！

你也会注意到，教练位置仍在生发与延展，其疆域总是可以比当前的教练位置更为延展。而且，只要我们想要探索与尝试，更延展的教练位置就在等着我们。所有自然生发的觉察都是教练位置的一种形式。

观察你的意识如何延展，你在其中的感受又如何。只要你喜欢，就尽情享受这宽广无垠的意识疆域吧。

现在，只需回到你的专属空间，让自己再次回到教练位置上。当你准备好了，就从教练位置上退出来，重新回到现实生活中。然后，睁开你的双眼。

这个练习带给你的价值是什么？

进出教练位置是非常有意义的练习，可在一天当中的任何时刻使用。当你发现自己的思维陷入混乱时，那就是最好的练习时间。因为这样的混乱可能是

把随旧情绪前来的游走思维丢在一边。只要你能在视野开阔的教练位置上做出选择，生命就涌现于熠熠生辉的觉察之中。

过去某种思维方式造成的，让你受困于无法有效运转的模式中。在这些时候，保持觉察，停止混乱，进入教练位置，从这个宽广的视角来探索思维的整体，对你真正的内在生命做出回应。

试一试！看看这个练习会带给你怎样温暖而又延展的体验。把随旧情绪前来的游走思维丢在一边。只要你能在视野开阔的教练位置上做出选择，生命就涌现于熠熠生辉的觉察之中。

多重视角

用不同的投入与抽离视角来探索思维是非常有价值的。通过一个有中心点的几何图，我们可以轻松学会从不同角度来观察我们的想法。我们可以从两种观察者视角或教练位置开始体验：连接内心的投入教练位置和连接愿景的抽离教练位置。

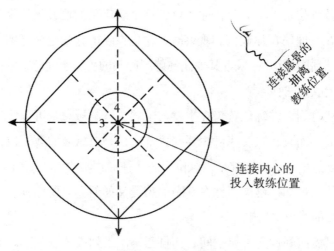

图 A.1　由内而外延展

这里的基本原理是什么呢？人们能够既投入又抽离地探索任何想法时，就可以扩展自我认知的范围。

思维地图是为流程指引而设计的。最好的地图是简单的，而又不会过分简

166

化。它们的存在是为了促进自我发现，包括内在和外在的，让我们即使身处其中时，也仍然可以观察全局。因此，我们用地图来呈现在自我探索过程中的思维。

我们人类喜欢有中心点的平衡空间，并将这个喜好应用于生活的每一个角落。想想遍布欧洲和亚洲所有城市的旧城区广场。在那里，我们可以眺望整个广场，感受一个社区的整体性。即使当我们穿越城市广场去咖啡馆享受早餐时，我们也可以感受到其中一致的价值观。同样，我们希望总览我们的思维系统，抽离其外；同时也希望能够穿梭其中，找到那些引人入胜的内在景致。在任何时候，我们还想感知整体：那广阔无垠的意识空间。

附录 B　关键术语及概念

四象限图

我们在本书第一章中讨论了四象限图及其目的。另参见注释 4 和 6。我们的原则是让所有图形尽可能简单。将菱形划分为四个象限可以满足多个条件，从对意识的注意力跨度的实际考虑（注释 7），到必须涵盖思维的主要区域或维度以便呈现出整体。四象限图也体现出了对称之美，这种对称性与同构性潜藏于宇宙所有现象之中，也深藏于广阔无垠的时空之中。

四象限的结构化地图涵盖了思维的主要维度，并提供了空间，让许多思维进程可以完整、精准地呈现出来。四象限图为觉察带来了强有力的帮助。因为通过将思维视觉化并让它自行探索，我们可以悄悄地引入新的洞见与直觉。这样一来，自我探索就可以超越预设的惯性感知。

投入与抽离

投入的教练位置：为什么我们既需要学习投入的教练位置，又要学习抽离的教练位置？简单的回答是，投入的教练位置就在思维进程之中，因此原则上，它让人无法看到思维的整体。就像手机界面上的图标一样，若身在其中，你就无法点击图标。但积极的一面是，你可以在投入的教练位置上感受流程本身，通过获取视觉、听觉、感觉来体验生活本身。人们可以依据这些感受自由做出选择。这是内在现实的基础。一个人可以在当下直接感受到自我或情境的视听感，这是第一种方式。在此基础上，再加上抽离的教练位置，我们就可以在流程中实现高效的学习。我们用四种方式标注投入的教练位置：图形中间的笑脸、五角星、中间伸着双臂的小人和在椭圆中间的"教练位置"四个字。我将它们

要想应对悖论，我们需要采取二者兼容的视角，而不是非此即彼的视角，也需要在投入与抽离之间来回切换。

做了区分，因为我希望人们可以体验不同的教练位置。

抽离的教练位置，总览位置：把自我的觉知点（觉知位置）从情境或自我中抽离出来，从外向内总览全局，看到情境或自我的全貌。

把"觉知位置"转移到身体外部，看到事情的原貌（包括原来的视听感），这是第二种方式。显然，这种方式会带来另一种视听感体验。通过这种方式，你可以在四象限中描绘出"我对事实的感知和我自己的感受"。所以这是一种在原始状态之上的元状态，而元状态本身就有着超越原始状态的力量。元状态可以改变或重组所有的组成部分，让改变发生。但是，元状态与当下的视听感体验不能共存。在这里，我们可以"看见"自己的体验，感受到体验所折射出的价值观，从而创造出全新的整合。

教练位置的投入与抽离形成一个相互对立、互为补充的系统。悖论不能通过仅仅倾向互相对立的双方中的一方而得到"解决"。要想应对悖论，我们需要采取二者兼容的视角，而不是非此即彼的视角，也需要在投入与抽离之间来回切换。这将最大限度地丰富我们的探索与学习，强有力地支持四象限动态智能的延展。

动态智能

在第一章中，我们对动态智能进行了定义："那么，什么是智能？……"动态智能的另一个表述是正念。正念是一个"观察智能在我们面前不断发展的过程。我们可以将智能发展和正念都描述为，集中整个系统的注意力来增强和扩展觉察的能力。在这个过程中，我们留意到意识的'层次与种类'，且对自己的意识有所觉察。于是，新的智能或整合开始形成。"

动态智能与静态智能非常不同。"动态"与"智能"这两个词的组合，一方面，体现了思维自行发展的能力，以及由于思维自行运作可以达到新的认知水平的能力。当思维在四象限中呈现出整体并自行探索时，思维的运作进程显而易见。然后，这种观察又创造了新的觉察，并给思维地图添加了新的元素。思维可以随着地图的变化而成长，超越最初的边界。另一方面，动态智能让思维可以将注意力集中在地图的微小细节上，并在一些人生项目上采取有效的行动，从而轻松高效地取得成果。

智能

我们可以把智能定义为精微聚焦和由许多"感知"形成的全局总览的结合体。智能意味着激活愿景与思想的整体，并结合感受与内在状态，在此基础上，再辅以身体力行的实践。

因此，智能意味着统一的内在意义在各个层面上的丰富展现。这与智力（intellect）截然不同，因为智力仅仅是一系列方法论的激活与应用。

思维指南针的隐喻与时间维度

这里的关键点是：思维至少有 8 个基本维度。（暂且将其视为可行的假设，尚未有科学定论。）思维的进程由感知、评估、意图与注意力组合而成。通过观察这四种进程，我们可以针对不同的思维进程采用有效的教练位置。

将阶梯隐喻作为发展步骤

这个隐喻表示每天探索思维并练习觉察，从而习得新技能，达到无意识有能力的程度。但是，无意识地实践一项技能会形成习惯，而且不够灵活，所以突破性的探索，如使用思维电梯和思维手风琴，也很有帮助。

举例来说，电梯的隐喻表示迅速上下移动。通过这个隐喻，我们可以把思维的觉知点往上牵引，获得全观视野，或者向下牵引，放大具体的元素。这种能力让思维可以保持全观视野，保持对任一现实的直升机视角。

电梯和阶梯的隐喻共同构成了一个悖论。这两个隐喻都是学习发展界面上的"缩略图标"，需要不同的打开方式。这一悖论无法轻易解开。思维在学习过程中不断地产生这两个隐喻。我们需要利用这两种方法的积极意义来应对这一悖论——用电梯隐喻快速探索，用阶梯隐喻循序渐进地学习与整合。

思维游乐场

这是平衡而又不断变化的关系网络，可以将其作为互补元素的全息系统来探索。

简化的缩略图

隐喻地说，这些都是关于身份、生命、思维与世界本质的低分辨率图像或"生命隐喻"，涉及内容、结构、流程与形式的各个层面。

缩略图

隐喻地说，这些是关于如何建构身份、生命、思维、世界等的低分辨率图。

四象限中的时空探索

时间基本上就是在一个发现到下一个发现之间注意到的空间变化。无论我们的觉知是外在的还是内在的，都是通过视觉、听觉、感觉来摄入的。一般而言，这些感官摄入是四维的。我们无时无刻不在体验这些感知。四维包含三个空间维度与一个时间维度。我们可以直接感知空间，但只能间接感受时间。这样一来，我们便有了总共八个维度，可以将其完美映射在四象限图上——覆盖在原来四个维度上的另外四个维度来源于观察过程。可能还有一个维度，即第九维度。这一维度与我们的想象能力有关，是由于意识缺乏"处理能力"，而思维的无意识区域接收了更多数据而产生的。

对比你的时空体验

对所有人类来说，时间，从概念上讲，不如空间真实。我们绘制了一个四象限图，其中包含观察到的时空数据，以及覆盖其上的表示"思维进程"的四条轴。然后，我们加上与时间或空间分别相关或者与两者都相关的感知。我们可以用时间线来表示时间维度，将其作为更大的框架，这意味着我们可以在不同的时间中切换。如果我们将注意力聚焦于任何一个当下，感知会先转移到一个聚焦点上，比如一张图片、一棵树或一个内在图像。接下来，我们的觉察会随着时间发生变化。请注意，当在观察过程中加上时间线后，我们需要更多的技巧，例如在空间上方漂浮并关注空间中的变化。

在探索的过程中，将四象限的菱形和框架区分开来是有帮助的。这成为一种视觉宣告，允许内外在的探索持续进行。只有这样，才能有效地通过思维指南针的箭头，绘制出不同的四象限观察过程。当我们这样做时，时间元素就出现了。

附录 C 想法的内容、结构、流程与流动

每一个想法都有不为人知的生命历程。它们是一个演化系统，在不同的内容、结构、创造流程与势不可挡的形式流动之间持续演变。这四个要素共同构成了一个"假如式想法"。作为思想创造者，我们在这四种体验中尽情舞动，专注于延展这四种体验的深度与广度。

所有想法都包含这四个面向。它们有完成的形式，通常体现为某种品质。它们有假如式的创造流程及进一步的发展进程。它们有集合了过往认知与精通元素的假如式结构。结构就像记录，是想法发展的脚手架，可以追溯想法出现的每一个步骤，不论简单还是复杂。而且，我们都注意到，所有想法都有假如式的内容。当所有其他方面都和谐一致时，我们就会感到满足。

内　容

首先，我们来看看内容。内容是想法中最易辨认的部分。好比故事中的情节，内容提供了具体细节。我现在就在书写这一页的想法——一个又一个的想法。我们筛选内容，将其详尽地表达出来。要想筛选出合适的内容，我们需要考虑不同语境。我们可以通过分析以下句子的成分来理解这个说法：（我）（在这种情况下）（对你）（说）（这些话）。在每个句子中，我们需要仔细筛选这五个句子成分的内容。每个成分中的内容都会对整句话的结构与含义产生影响。

结　构

为了探究结构，我们来考虑一下前提。透过结构，我们可以看到想法的框架，也可以看到想法自出现以来如何次第发展。书写这一页的过程展现出了许多内置的演化轨迹：之前的想法、情绪与行为，似乎催生了当前的一系列想法，

我们评估差异，重新感知差异，然后再评估差异，为的是寻求更好的机会，或制定更清晰的方案。

并为这些想法的产生奠定了基础。

有趣的是，我们可以循着结构的轨迹，回溯到初始结构。例如，我们可以探究写作技巧本身。显然，写作过程可以体现出想法结构的变化过程。比如说，如果你想写点什么，或者想把浅层的想法关联起来，那么，你自然就会开始写作——这是组配思维瞬间的脚手架，可以通过之前的想法往回追溯。就在当下，这些思维瞬间在写作体验之中实现连接。沿着结构的脚手架，我们还可以看到文化发展历程中的地标，比如，从中看见沟通方式的发展，看见字母表的演化，甚至看见语言自身的发展。

创造流程

创造流程可以准确描述为向前进发的过程。这个过程通常包括开放式问题、假如框架，也包括具有穿透力、催人奋进的愿景。书写这一页的过程包含瞬间感知与创造性评估所迸发的思维火花。通过观察采取行动与寻求解决方案之间的相互作用，我们可以发现流程。思想流是通过感知差异来发展的。我们评估差异，重新感知差异，然后再评估差异，为的是寻求更好的机会，或制定更清晰的方案。

形　式

形式是包含基本目标的核心要义或理想模板。"我"和"你"之间的交流包含愿景、情感与共同的内在逻辑，从而产生了对内在秩序的审美体验。我们体验到"如是"（suchness）的本质，感受到形式之流动，留意到核心之美及持续不断的意识流动。

我们帮助他人探寻好好生活的可持续形式，建立相应的支持结构，并深入设计人生蓝图与欣赏整体性的创造流程之中。由此，我们再次成为内容本身！

呈现真相（流动）

想法的产生包括四个方面，即内容、结构、创造流程与形式。这四个方面共同展现了任何一个想法的真相。正如英国诗人威廉·布莱克（William Blake）所说的那样："真相是造物主的显现。"

只要理解了形式、创造流程、结构、内容以及这四个方面之间的相互联系，我们就可以创造出许多强有力的、有实际意义的想法。我们可以充分利用想法自行展现的力量，使其显现出自身的内在自诩，那是连贯的、全面的、满怀抱负的和整体协同的。在寻求内在秩序的过程中，我们学会欣赏更深层的意义，并为其赋予价值。

难道我们不总是将注意力与意图放在了解自己的内在秩序系统上吗？我们支持自己与他人发展生命的各个面向，为的是实现系统平衡与协调一致，并展开下一步的探索。我们帮助他人探寻好好生活的可持续形式，建立相应的支持结构，并深入设计人生蓝图与欣赏整体性的创造流程之中。由此，我们再次成为内容本身！

附录 D　图形与符号

图形与符号探索练习

通过研究视觉符号及其内在意义，我们来进一步探究抽象思考的过程。下一个练习是一个诊断工具，可以为自我探索的旅程标注出一些有趣的出发点。你可以开始探索一些基本图形，有许多内外在的游戏面板可供玩耍。这样的探索可以打开你的感知。

我们对基本图形的应用是基于隐喻的，但它不仅仅是一个隐喻。首先，找一张纸，迅速画出五个常见的几何图：我们将在练习中探索的是等长十字、等边三角形、正方形或菱形、螺旋形、圆形。

请你在一张白纸上，画出这五个图形：圆形、正方形、等边三角形、等长十字和螺旋形。每个图形都为发展三维空间思维提供了强有力的思考框架，每种几何元素都有助于思维的结构化与发展。（我们可以使用其他几何图，但它们通常包含这五种。）无论你画得怎样，这些图形正是人们所熟知的几何形状。

我想让你做的是，在画这些图形时关注你的偏好，把它们按优先顺序编号，从 1 到 5。在纸上画出图形后，把它们按从 1 到 5 的顺序排列。

完成排序后，在图纸上探究你的喜好。在你的排序中，位列第一位、第二位、第三位、第四位与第五位的分别是哪个图形？如果你读到这里，不妨现在就做一下这个练习。

图形应用简史

从人类学的角度来看，我们世世代代都在使用这五种图形，并为它们赋予了不同的文化意义，不论是二维形式还是三维形式。在有记载的人类历史中，它们出现在所有人类社会中。它们在服饰、陶瓷与地板图案的设计中有着相似的视觉意义。而且，每一个图形都是世界上一些主要宗教体系的象征性符号。此外，它们对数学家也很重要，是几何学研究的核心。

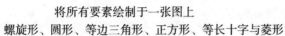

将所有要素绘制于一张图上
螺旋形、圆形、等边三角形、正方形、等长十字与菱形

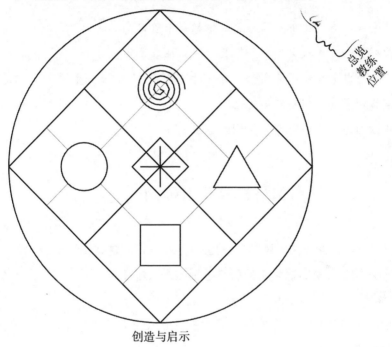

创造与启示

图 D.1　思维的形式

有意思的是，在所有文化中，这些图形都有共同的象征意义。

多年来，我一直穿行于多个古文明发源之地：罗马、希腊与其他古国。

古罗马人家中的马赛克地板由这些图形铺排而成。我们在全世界的灵性之地都可以找到这些基本图形，如十字架、金字塔与建筑物的穹顶。对此，你非常熟悉。那么，这些图形的传统意义是什么？要知道，在不同文化中，这些含义已经流传了许多个世纪。

图形有何含义

这些图形有什么象征意义？它们代表着什么？

· 几乎在所有文化中，圆形或球体都表示圆满。
· 同样，在大多数文化中，等长十字象征着关系。
· 三角形或金字塔通常表示"有针对性的努力"、"英雄壮举"或"突破"。
· 螺旋形表示不断创新与变化。
· 正方形通常象征着力量、稳固与基础。

偏好排序与习惯的改变

接下来，我们将根据偏好排序的普遍意义来探究这些图形。
我们评估偏好时，通常会依照以下标准进行排序：

· 排在第一位的，是我们关注的重点、让人感到困惑的事物和我们认为我们想要的事物。
· 排在第二位的，对我们来说是简单的选择。这个选择太简单了，以至于我们都不知道自己可以处理得很好。
· 排在第三位的，通常是我们生活中"主宰一切"的东西，是我们每天都在关注的重点区域。
· 排在第四位的，通常是我们遇到困难的地方。我们在这里感受到许多阻碍。这是需要我们进行深入探索的领域。
· 排在第五位的，通常不在我们的考虑之内。我们通常不会给予它过多关注。

这些排序也与基本学习步骤息息相关。每当学习有价值的东西时，我们首先从感兴趣的新差异性开始这个学习循环。接下来，我们注意到新知识与已知内容的相似性。然后，我们探索并发现对比元素。最后，我们将新知识与更大的图景或构想结合起来。这个学习循环可以拆解为五个环节。

综上所述：

· 第一，有什么新内容？
· 第二，有什么共同点？
· 第三，我们在发展什么？
· 第四，难点是什么？
· 第五，有什么是看似微不足道、但又会与其他元素一同出现在另一个循环中的？

在你做这个练习时，这些解读是否与你的偏好排序相符？这些推论是否符合你的情况？它们是否可以解释你对图形的偏好排序？现在来检查一下：

· 第一，对你来说，什么是真的？
· 第二，对你来说，什么是真的？
· 第三，对你来说，什么是真的？
· 第四，对你来说，什么是真的？
· 第五，对你来说，什么是真的？

对大多数人来说，他们的偏好排序与他们在关键领域中的习惯及解读之间存在一些有趣的对应关系。

图形、颜色与声音

让我们在你画的这张图上继续探索。分别为这五个图形加上颜色，在脑海中为其上色。接下来，分别为这五个图形定制一种声音——听听看，哪种声音听起来合适。完成这些步骤后，你就为每个图形赋予了一种颜色与一种声音。先来完成这些步骤，直到每个图形都有颜色和声音之后，你才继续往下读。

再接下来，为每个图形加上节奏、振动或律动。你的脑海看到它们是如何移动的。至此，每个图形都有了专属的颜色、声音与律动。将这些特性作为你内在表达的一部分，逐一查看这些图形。

让我们来玩一下，用"如果……就会发生……"的问题来进行接下来的练习。在这之后，我们可以决定是保留改变后的结果还是"恢复原貌"。

在你的脑海中，为排在第三位的图形加上之前安排给排在第一位的图形的颜色、声音与律动。于是，排在第三位的图形现在拥有排在第一位的图形的颜色、声音与律动。

你正在把渴望获取更多、正在努力追求但尚未取得的事物放进生命中最活跃且每天最受关注的领域。当你这样做时，什么会发生呢？

现在，带着同样的探索精神，把排在第二位的图形（感觉轻松简单的领域）的颜色、声音与律动加在排在第四位的图形（最困难的领域）上。当你这样做时，你的体验又会有何不同？

最后，把排在第三位的图形的颜色、声音与律动加在排在第五位的图形上。当你把排在第三位的图形（每天占据大部分注意力的领域）的颜色、声音与律动加在排在第五位的图形（完全不在注意力范围内）上时，什么会发生呢？

通过这些转换，你或许会在视觉、听觉、感觉上注意到有趣的内在回应。对一些人来说，这种转换会在他们的内在产生真正的改变。这可能会引发身体中的深层感受，你可能喜欢，也可能不想要。我曾经让人们在小组里分享过，当开始为这些基本图形加上不同的颜色、声音与律动后，他们会感受到深刻的转变。有些人突然感到狂喜与解脱，有些人则感觉到内在的混乱，需要指引。这就是新的发现。

对你们中的一些人来说，这些转换可能会大大增强内在的和谐感，增强生命中和谐、平衡、灵活与欣喜的感受。如果是这样的话，不妨保留改变后的结果并享受它。

也有一些人可能会发现这不是一个令人愉悦的体验，它挑战了某种和谐或一致的主观感受。你可以选择把一切恢复原貌。这只是一个探索。在这里，你的喜好由你来决定。

发生了一些触及本质的事情，不是吗？比方说，人们通常认为他们的第五偏好没那么"真实"，或者甚至将其描述为毫无意义的存在。这可能是因为其内在图像的亮度、清晰度与可视距离等方面有内在差异。比方说，假如我们把排在第三位的图形的颜色、声音与律动加到排在第五位的图形上，又会带来截然不同的体验，进而带来新的感受与不同的价值推断。把其他图形的特征加到排在第三位的图形上，结果也会有所不同。现在，你可以重新思考自己在这些领域中的生活。

很有意思，不是吗？继续探索吧。这些价值关联可能对你非常有用，也可能根本没用。再探索一次，来检验一下。尝试把排在第五位的图形的声音与颜色加在排在第三位的图形上，把排在第四位的图形的声音与颜色加在排在第二位的图形上。再次尝试将排在第三位的图形的声音与颜色加在排在第一位的图形上。问问自己：哪些体验是有价值的？哪些没那么有价值？你是怎么知道的？

颜色、声音与形式对我们有着深远的意义。人们经常会在不同的关联与转换中获得全新的洞见，感受到喜悦与一致性。意识曼陀罗可以打开通往丰富的整合体验的大门。

在《希伯来圣经》的阐述体系中，第一个"词汇"起源于这一句话："首先，要有光。"第二句陈述是关于形式的。可见，平衡的形式可以唤醒我们，让我们走进心中神圣的心灵几何。

每种现象都可以用这种方式加以区分。比方说，光可以展现出所有方面：

形式、创造流程、结构与内容。一束光可以具象化为一个光子或"粒子"，同样地，我们的思维也可以完全收缩或完全扩展。

当基本几何图形的探索都可以对意识产生如此深刻的影响时，作为人类，作为图像创造者，我们是谁？现在，为自己探索一下这个问题，在内心深处探寻空间结构、图形颜色与样式如何影响思维。仔细思考一下：是什么让你产生了内在一致性的体验？

附录 E　思维的俄罗斯套娃

通过图 E.1，我想介绍一下俄罗斯套娃的说法。你可能见过层层嵌套的俄罗斯套娃，一个套着一个，直到嵌套了五个、八个甚至十五个套娃。这个概念非常重要，因为它可以帮助我们在探索存在（being）时探究其内置层次。

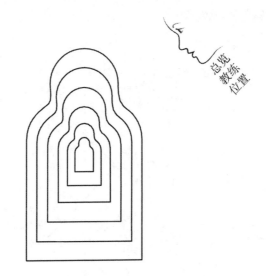

总览教练位置

图 E.1　一个想法的俄罗斯套娃系统

思维是一个自然涌现的系统，也是激发出"下一层级"自我发现的发展熔炉。这意味着，我们需要提出有助于探索与发展"俄罗斯套娃般的觉察"的问题。这是四象限思维的宝贵来源。

通过四象限图，我们可以发现一个整体的四个方面如何形成一个优美而互补的系统。在所有这些方面之间，更整合的东西往往会浮现出来。我将这种更深层的觉察系统称为"俄罗斯套娃式思维"或"自然涌现的思维"。它带来了一个向内发问的有效途径。四象限的视觉化思考流程有助于内部系统的逐层涌现。

用俄罗斯套娃式思维向内探寻

你可以学着观察自己的想法，观察有哪些正在融汇或整合，又有哪些正在生成。这意味着，如果你一直选用合适的四象限图来指引你创造性发问的过程，那所有四象限图都可以用于自我发现。与此同时，你需要保持教练位置或外在的观察者位置。

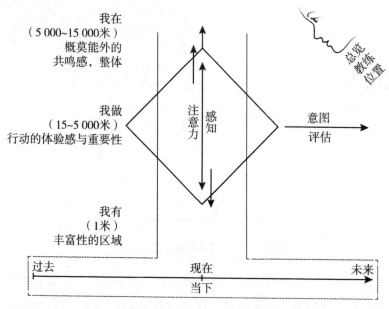

图 E.2　垂直维度——共振系统

你可以用任何一个完整形式，例如一个边长相等的几何图，来进行全盘思考。自欧几里得时代以来，平衡的美感就能够激发人们的灵感，其带来的觉察出人意料，甚至是自相矛盾的。通过将愿景和价值观同意图明确的问题联系起来，我们不断地发现更深的内在完整性及更精微的觉知。

俄罗斯套娃式思维：全面关注

· 有了俄罗斯套娃的理念，我们就有了一个提问框架。这一框架基于这样的观点：思维是多维的记录体系，整合了每一个出现过的想法，以及这些想法的每种感知与每种抽象体验。

· 世界上的每个想法都可以在任何抽象层次上表达出来。

· 每当回想起一个想法或一段体验时，我们都在完全不同的整合层次与逻辑层次上，在其周围嵌套了更大的、多维的全新想法。这一新层次可能包含我们对自身想法的想法，对自身价值观的价值观，对自身感受的感受。

· 其必然的结果是，所有想法都是以这种方式构建的，而每个想法在形成之时，都建立在之前的想法之上，并嵌套于之前的想法之中。我们可以看到这个趋向无限的演进过程，这样我们就可以探究情绪中的情绪、记忆中的记忆以及想法中的想法。你可以想象出来吗？

· 因此，我们可以"抱持"无限的关联层次或体验层级，无穷尽地向外堆叠，也无穷尽地向内嵌套。一旦感知到这个想法，我们就可以探索其中的任意一点或其任意规模，并感知希望探索的面向。我们可以将一切所见所感收纳到包罗万象的意识图书馆中，并从中获取参考。我们也可以将想法画出来，并用思维地图让想法进一步发展，使其变得可行，变成其他想法的发源地。

· 一个重要推论：想法形成时的"规模"越大，其灵活探索的基础就越广阔。想法在初始时越全面，我们就可以将其发展得越深远。当想法的规模可见时，即使只是看见其隐喻，我们也可以触及所有构造它的内在想法。四象限图可以协助这个过程的进行。

这究竟意味着什么？我们可以看见广博的疆域，也可以瞥见在每一个思想

> 找到一个觉知之源，将其视作深不可测的中心点，来统领你思维宇宙中的所有想法。一旦你找到这个觉知之源，它就可以作为一个中心点在整个结构中展开，犹如飞速旋转的宇宙中心。

宇宙中应运而生的"解决方案"的隐喻。它们源于整体的内在现实，是其中最微小而又最本质的存在。我们可以看到意识本身可以容纳海量的俄罗斯套娃式的想法。我们可以将人类思维视作一个不断发展的涌现系统。

找到一个觉知之源，将其视作深不可测的中心点，来统领你思维宇宙中的所有想法。一旦你找到这个觉知之源，它就可以作为一个中心点在整个结构中展开，犹如飞速旋转的宇宙中心。借此，你可以在所有逻辑层次上探索意识在概念与感知上的全息本质。

- 任何一个为一系列想法带来秩序的想法，都比原来的想法有更高的逻辑层次。它连接了思维的所有方面。逻辑层次这一概念高于任何一套具体的、有逻辑关联的想法，或者这套想法中的任何一个想法。请注意：想法的想法不仅仅是一个具体的想法；它包含着最初的想法并有所超越。
- 因此，任何逻辑层次的核心都是一种流程思想，可以为进一步的发展提供无限可能。它超越了原本的结构与内容。这个想法具有无限的潜力。
- 每一个想法中始终存在着不断变化的内容、结构、创造流程与形式。我们可以在其中找到原来的内容与结构，并在这些内容中，注意到思维朝着更深远的、生生不息的一致性形式自行探索的流程。
- 一个身份在某时只有一个感知位置，只能处于一个地点。这个普遍性说法或信念的出发点位于教练位置下方（与内部）的逻辑层次上。我们在这个教练位置上可以获取所有感知，并于每时每刻亦步亦趋地超越感知。
- 对一个想法保持教练位置的过程让我们可以看见所有关联，并添加新的维度。但是，除非在想法的上方进入教练位置，否则我们无法超越或看见当前所处的教练位置。
- 这意味着，我们需要发展包含教练位置的全系统思维，以便更好地进行思考，并建立起整体思维的一致性。没有教练位置，我们的想法便无法改变或发展。教练位置总是可以让我们行得更远、潜得更深。
- 因为所有想法像俄罗斯套娃一样发展，所以这表明我们认为时间自然是永恒的。而我们对选择的普遍认知从属于一个空间，就其内在本质而言，

三个视角让教练位置得以存在，但通常消失得很快。四个视角则可以有更多平衡。五到七个视角合乎逻辑。

　　它是不可选择的（choiceless）。内在一致性发展一切。

· 因此，想法中的抽象概念通常与秩序相关，即秩序之上的秩序。这是信息的秩序。"超越超越本身"（任何模式的元层级）就是在所处层次中识别出来的、有所区别的模式。因此，用这样的方式全面整合想法，我们必定能辨别出秩序的模式，它连接并整合着曾经看起来毫无秩序的一切。

· 当我们持续将注意力穿透于此，同时在心中保持对秩序、整体与一致性的觉知时，我们就会感受到其中的美。因此，"双重注意力"的觉察让我们可以上升到"第三位置"，即针对感知本身的教练位置；也让我们可以继续向内发问，走进整体性认知更深远的境地之中。

· 如此一来，美，则存在于作为观察者的"我"之中。一旦认识到整体的一致性，就可以了悟在整体情境中所有模式的合一性——这一最深层的优美一致，且能如实如是地呈现出本质。至此，我们得以在所有现象中，窥见生生不息的演化。

因此，有效运作的流程思维需要：

· 对整体的认知。任何一个包含完整想法与教练位置的图形都将引领我们走向整体性。

· 至少三个视角。三个视角让教练位置得以存在，但通常消失得很快。四个视角则可以有更多平衡。五到七个视角合乎逻辑。超过七个视角则会使探索变得太困难，让人难以用"流程思维"直观地观察，而且肯定会受困于左脑的语言系统。

· 有意识地保持外部的教练位置，看见一致性。

· 有意识地保持内部的教练位置，从中感受。

· 分辨思维内在秩序的意图。

· 可以激发差异性的问题。这实际上是寻求一致性的问题。我们需要抱有对一致性与内在真相的渴求，才能找到这样的问题。

- 意识到思维始终在变化。我们对美、真相与选择的渴望将触发真相，它超越但仍存在于观察者视角之中。

- 了解到内在现实可以被听闻、看见与感受到。当我们说"我"这个词的时候，我们总是能听见自己内在现实的共振，听见于我为真的内在声音并接收到所感知的真相。此时，内在觉知与愿景是协调一致的。

- "所有可想象的事物都包含在难以想象的美丽之中。"整体一致性有自己的生命，而且总是出现在我们驻足的地方，且仅仅超越于此。

附录 F　思维地图的奥秘

为什么使用几何图

圆形、四象限图、等边三角形等几何图是帮助人们进行多维度思考和发展视觉智能的重要工具。它们可以帮助我们看见思维系统的核心组成部分，从而进行组合与探索，识别出其中互为补充的区域。在这个过程中，我们会设立一些观察原则，以便更好地思考。我们开始采取高效而视野广阔的总览视角，从而超越视野狭窄的语言智能。

越过语言系统中倾向分离而又连续不断的想法，我们可以通过几何图总览全局。几何图的存在为发展整体思维提供了很好的框架。有了教练位置、清晰的目标与思维地图带来的多重视角，我们可以将手头的任务延展到高层级的整体意识中。

学习用几何图来思考与所有发展式学习息息相关，因为几何图可以直接反映出激发我们创造性探索的重要问题。观察一下，当你创建了四象限、平衡轮或其他视觉化的自我教练框架后，发生了什么？即使是最简单的几何图，如图 E.1 所示，都足以"改变"思维。让我们向喷薄而出的灵感和生命绽放的渴望致敬！

思维地图的九大要素

当我们把几何图与精心设计的思维地图联系起来时，会发生什么？我们无意中在整体模型中关联了九个不同的要素。就像十分之九的冰山都在水面之下一样，更深层的觉知驱使我们不再满足于停留在问题的表面，而是深潜于人类智能系统深处。

思维地图的九大要素给我们带来了九种不同的选择维度。这九个维度形成了定性理解的九个方面。由此，更深层的智能可以让我们获得更广阔的视角，做出更好的选择。我们发现这是一种备受激发的自我了悟。随着我们的深入理解，图形与游戏也变得更有价值。

简单来说，这九个要素包括：

（1）地图或游戏的意图及相关的具体目标。真切的意图为即将收获的成果设定了框架。

（2）界定内外的边框。

（3）为了更好地玩耍和使用而设定的规则、原则与机制。

（4）地图或游戏面板的细分，依据整体意图划分出不同部分或游戏区域。

（5）当前状态，通常是图中的一个记号或游戏面板上的"一块区域"。

（6）度量尺，定义所探索过的路径与到目前为止的改变动力。

（7）下一步或未来的衡量指标，通常由点线、箭头或者颜色变化来表示。

（8）至少一个外部的观察者位置或外部教练位置，可以从外部视角总览整个地图或游戏。

（9）地图的中心点。大部分几何图都有一个作为明确的物理位置的点（通常是中心点）。

我们在图中标记出以上要素，随后会给出一些示例图。

思维地图的九大要素：设置游戏面板

要素	具体说明
1. 意图	把思维地图作为一个意图一致的思维框架，定义它的用途。意图决定了地图的意义，也定义了地图或游戏的目标
2. 边框（线条的数量）/ 形状边框	可以界定内外。用线条画出一个有象征意义的形状
3. 规则	只要确定了几何图，我们就可以宣告使用地图或者进行游戏的原则、规则与机制
4. 相关区域 / 分区	明确在整张地图中设定相关分区的意义，按照图的使用规则，用线条划分不同区域，设计出游戏面板
5. 当前状态	问这样一个问题："现在，我们在哪儿？"这意味着我们可以在地图上设置相关的、可变化的状态指标
6. 度量尺	在游戏面板上标记出已完成的路径，也可以显示当前的状态。规则与机制定义了整个游戏，度量尺则定义了已完成的路径，而看到整个度量尺又可以帮助我们走得更远。度量尺也可以用来衡量自己的动力水平
7. 下一步的指标	按照当前的游戏规则，用地图或游戏面板来定义未来潜在的方向。用符号、箭头、点线等来表示未来的方向。现在，可以在游戏面板已有的区域中"继续玩耍"，选择下一步与未来的可能性
8. 外部教练位置	可以从外部用整体系统的视角观察整个游戏，也可以投入其中，进入游戏之中，从亲身感知的内部教练位置来观察。无论是在内部还是外部，教练位置之上总有教练位置
9. 中心点	每一个平衡的思维地图都有一个交汇点。向中心点聚焦时，可以感受到所有部分的关系。而且，如果问出"这个点是什么？"这个问题，地图就在帮助我们启动创造力系统。接下来，由于已经选取了关键的"学习视角"，将地图与游戏作为多维度的、可变化的系统来探索则变得更容易。这个系统既可向外延展，又可向内聚焦

在脑海中，清晰地把意图设定为主要目标——你的终极目标。
规则是内在探索的疆域。

几何图的示例

图 F.1　意图

在脑海中，清晰地把意图设定为主要目标——你的终极目标。想象所选用
的图形能够为这个目标留出足够的空间。

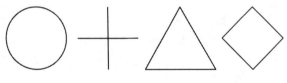

图 F.2　边框

规则是内在探索的疆域。你可以问自己："对我的探索而言，这个工具最好
的用法是什么？当我有了清晰的愿景、内在的一致性以及明确的行动步骤时，
我该如何使用它？"遵循这些规则，继续探索。

图 F.3　规则

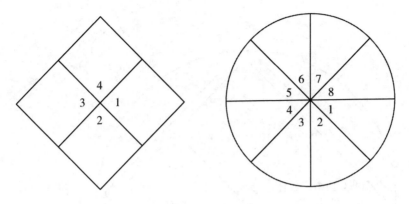

图 F.4　几何图的分区

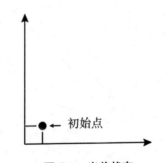

图 F.5　当前状态

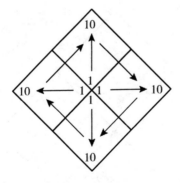

图 F.6　度量尺

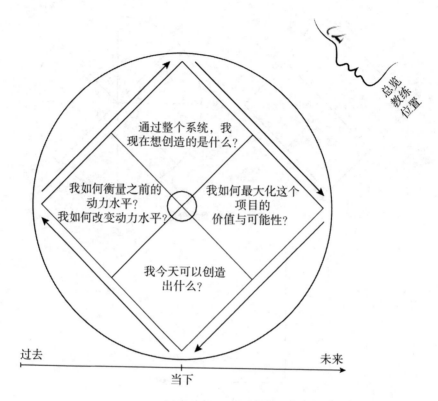

图 F.7　下一步的指标

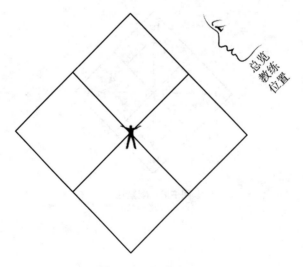

图 F.8　外部教练位置

我们对整体情境的觉知，本来就是全息而多元的，与我们对共振的感知同频共振。我们因此备受激发，随之而来的，是油然而生的喜悦。

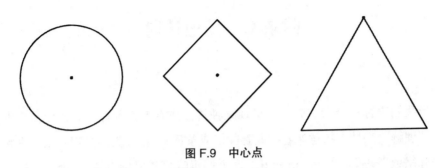

图 F.9　中心点

借助几何图这一可视化与感知工具，我们创造了一个内在探寻的聚焦点。我们不满足于浮于表面的语言思维，而是带着全面的"观察智能"下潜。意图明确的探索将助力于这个过程。

用音乐的隐喻来说，图中的音乐主题非常鲜明。向内，它可以把我们引向最中心处；向外，又可以把我们推送于更广博处。带着意图向内探寻让我们可以投入其中，获得这些不同的体验。随着教练位置向外移动又让我们抽离出来，纵观所有要素。

我们可以从外和从内使用任何一张多维度的思维地图——这种做法非常有效。当我们这样做时，我们就在探索两种教练位置：既可以采用外部教练位置纵观整个系统，也可以从内感受投入的教练位置的价值。这让我们获得更多平衡感与灵活性，因为我们学会了如何感知平衡点，并在各种状况下找到平衡。我们像小孩一样，不知疲倦地在儿童游乐场中玩耍，既会跑到游乐场边缘，也会跑到游乐场中心的圆盘处。当你用这种方法由内向外探索时，你可以看见事物的更多面向。如果你在沟通或尝试表达超越语言的伟大创见，这些不同的视角都将助力于想法的发展。

思维地图的九大要素丰富了生命体验的所有方面。我们对整体情境的觉知，本来就是全息而多元的，与我们对共振的感知同频共振。我们因此备受激发，随之而来的，是油然而生的喜悦。

附录 G　角色认同

当我们声称一个人"总是"呈现某种特征或有着某种标签时，什么会发生呢？"理解"某种事物意味着"顺着脉络或条理了解"，为的是识别出"事物内在的脉络或条理"。身份（identity）这个词意味着"保持不变"，因此，这样说来，身份内在的脉络"总是不变的"。我们所评判的人很容易对我们的评估产生认同。

如果我们认为某个人总是不变的，那么我们会将世界上的人划分为两种：一种人具有某种身份，另一种人则没有。语言系统会听从于"同一性"，并依据一致性原则重新塑造"自我"。我们自己通过声称自己是某种人而设定了这些规则，比如，聪慧的或不聪慧的，领导者或追随者，公正的或不公正的，心态平和的或情绪易怒的，可原谅的或不可原谅的。评估就是一种宣告，而人们在生活中做了许多评估！

以下就是这种宣告的一个主要表现。假设你说"我是糊涂的"，你通过"我是"的这个表述将自己划分为某一种人。世界上有人像"我"一样糊涂，另外一些人则没那么糊涂，他们是另一种人。通过这样的身份界定，我们定义了两种类型。根据定义，这两种人截然不同，并将永远如此。换句话说，"我们的身份"，从定义上看，是"恒定不变的状态"。这意味着，由于"我是糊涂的"这个宣告，你把糊涂变成了自己的一种特质！任何负面的语言评估必然会造成约束与僵化：因为，这首先是一个谎言，没有人只有这一种特质；其次，这也让你成为一个永远置身事外的评估者。

每当我们评估他人时，角色认同就会出现。问题就在这里：在更深的层面上，我们将自己定义为"人类"，这对我们所有人来说都是一样的。我们的生命背景是相同的。我们已经宣告了"共同的身份"！这意味着，我们对他人的评估，"同样"也适用于我们自己。

有趣的是，无论我们在讨论谁，"我"还是"其他人"，从本质上讲，"身

意识是我们存在的基础，而且总是在改变、成长与发展，所以我们很容易因为这个认同惯性产生困惑与旷日持久的悲伤。

份"在定义上自然包括我们所有人。为什么？因为我们的情绪脑体验到的是"在当下，身份就包含所有人"。尽管我们在大脑中有其他的结论，但我们仍然会体验到一致的身份认同。从情绪脑的角度来说，我们只能通过自身已有的特质来识别出任何一种身份认同。在语言学上，这也是身份认同中"同一性"（idem）的词根真正在强调的。

这意味着，要想了解任何一种我们赋予他人或自己的特质，比如"有能力的"或"无能力的"，"聪明的"或"愚蠢的"，必须先认出它！而且，我们只能从自己身上识别出我们的"自我定义"。我们可以注意到这个定义在体内产生的共振。比方说，如果你说一个人是心胸狭窄的，那么，你只能通过理解你自己狭窄的心胸来识别出这个特质。现在，通过宣告，你指出了这一特质，并声称这在那个人身上是"恒定不变的"（相应地，在你自己身上也是如此）。这样的做法看起来好像完全撇开了自己或他人身上的其他特质。无论我们对他人的评估是什么，此举都必然会在自己身上产生共鸣。虽然看起来这个特质出现在别人身上，但是我们在自己身上也创造了这样的振动！

所有的角色认同都是过分简化的。它减少了你生命中的选项。如果你基于封闭的想法，以任何"恒定不变"的方式，给自己或他人划定某种"身份"，那么你自己的生活也将是一成不变的。比如说，把一个人描述为"小气鬼"或"风流男子"，说明我们的评估标准与这个人的内在世界或自我探索无关。这意味着我们失去了进一步了解这个人或影响这个人的机会。你现在也背负着某种负面的身份认同。你贴在另一个人身上贴的标签，也是你自己隐藏的、不能认同的"孪生"自我（但你最终还是会成为他）！这会逐渐使"自我"僵化。实际上，我们随后就会开始强化所定义的"非自我"的身份镜像，使之成为生活的另一个角色。

意识是我们存在的基础，而且总是在改变、成长与发展，所以我们很容易因为这个认同惯性产生困惑与旷日持久的悲伤。我们可能因此黯然神伤，只好固执地远离这个人或那个人，不再让自己看到他们的成长与发展。正因如此，我们让自己的生命变得狭隘。

身份认同很容易变成我们的盲点，因为这让我们远离了生命的"内在意

有些人终其一生都活在他人的评估之中，却不知道正是外部评估者或"看似无所不知"的人让积极学习与自我觉察的教练位置无容身之地。

把觉性与自由宣告为你的本质，活出这样的生命本色吧！

义"。因为我们只能看到自己的观点，所以它直接影响了我们看世界的能力。我们远离了对自我与他人而言有意义的成长，于是，生命因此而止步不前，因为每一次评判都会带来进一步的僵化。有些人终其一生都活在他人的评估之中，却不知道正是外部评估者或"看似无所不知"的人让积极学习与自我觉察的教练位置无容身之地。

其后果是，我们对他人的所有描述会马上变成对"自我"的感觉。我们可以感受到祝福，我们也可以感受到传递给他人的诅咒。我们在表达时，会感受到所表达的事物，因为在我们说的每一句话中，相同的内容也会映射到我们身上。由于身份认同意味着不变，因此，只有当我们慷慨地为每一个人宣告改变、学习、宽容、赞许与自由的机会、选择和可能性时，"我是"或"你是"的表述才是有益的。

我们总是可以超越这些带评判意味的身份信念，从而延展我们的生命。因为身份认同只是简单的、语言上的宣告，我们可以用公开的宣告与坚定的决心来改变它。把觉性与自由宣告为你的本质，活出这样的生命本色吧！

注　释

1.（内容提要，第 2 页）见《教练的艺术与科学》，www.erickson.edu。

在第二辑第三部分，我们将聚焦于几个很棒的游戏，继续攀登我们的"三大阶梯"，直至登上整合思维的更高层级。每个阶梯都将我们引向箭头的顶端——实现精通与启发实践的整合点。在第二辑中，我们将踏上右侧的阶梯。你将用图式 A、B、C 与 D 来发展自己的技能。

你将通过学习第二辑来学习如何问出好问题，激发高逻辑层次的内在回应。三大阶梯加上图式 D 将很好地帮助你消解过去负面的内在对话，同时加速价值观觉察、自我发展与整合的流动。

我们探索如何建构整合思维更深层的意义，呈现生命更深远的意图。我们也将用四象限思维来探究人类发展的关键问题，特别是内在现实的本质。你会发现不同的练习可以帮助你探索不同层级的了悟。

第二辑第四部分的主题是整体性内在现实的发展。我们看自己将如何连接整体性与内在现实，并将其推送得更加深远。我们让整体性呈现出其本质——即使是在我们有所体验的当下。我们发展出有益于生命整体发展的系列练习。

2.（前言，第 4 页）视听感是如下表述的常用简称：视觉—听觉—体觉。

3.（前言，第 4 页）感知位置：第一感知位置——通过你自己的眼睛看。

第二感知位置——通过重要他人的眼睛看进他人的身体中，并从他们的眼睛里看向你自己——假设你可以！

第三感知位置——从外部观察者位置或"教练位置"看；从观察者位置或摄像机位置看。

第四感知位置——从"跨越时间维度"的位置看。

穿越时空，看到"这一生"；即使只是时间线的缩略图。

穿越时空，看见"这一群人"。

第五感知位置：穿越时空，置身于"我们"这一整体中来看。

4.（正文，第9页）还要注意的是，四象限图里面的教练位置（观察者位置）创造了一个二维的思维模型。思维建模于四象限图上，第三视角来自系统之外的观察者位置。对四象限图从外向内的观察创造出了思维的三维模型。

当你看向一张四象限图时，你就在对整张图采取教练位置。因此，你可以从第三视角看向这张图，这样你就可以从你自己的系统中抽离出来并看到全貌。在大部分图中，我们都将这一小小的"观察者"放在右上角。

5.（正文，第10页）在英文里，理解（comprehending）的词根 pre-hending 的含义是"抓住"。

6.（正文，第13页）乔治·米勒在研究论文中提出假设：意识只能同时处理 7（+/-2）个信息组块，所有信息来源于不同的摄入通道。见《神奇的数字 7+/-2：我们信息加工能力的局限》，乔治·米勒，《心理学评论》1956 年第 63 期，第 81 ~ 97 页。后来又有许多研究表明，短时记忆（或工作记忆）的普遍处理能力实际只有 4（+/2）个信息组块。具体参见海伦·皮尔森的研究，2002 年 11 月 6 日发表于《神经科学社会》。

7.（正文，第13页）我们需要弄清楚一个问题：为什么我们给读者呈现的是四象限的思维模型，而不是三象限模型、五象限模型或其他模型？我们的思维基本上可以映射出宇宙的所有状态。但是，我们的意识只能同时容纳有限的几个方面。因此，以上问题可以用空间对称性与相关的复杂数学进行解释。这个思维模型的上限就是意识所能处理的信息组块。

8.（正文，第20页）每一个想法的形成都遵循原本的自我定义。想法的结构框架与流程设置依循你可以发现的规则。我们凭直觉设定内在"思维地图系统"的规则，并以此形成每一个想法。我们也可以用想法的形成机制创造出一个涵盖内在世界与外在世界的整合系统。当规则设定好后，我们就能够探索假设的相关内容，同时不被过去简化的假设束缚。

9.（正文，第29页）三脑系统，由保罗·D.麦克莱恩开发于 20 世纪 60 年代后期，是大脑进化的模型。此后，该理论在许多生物学研究中得到验证，而且比原来的提法更丰富、更延展。生命发展的内在机制显示出所延展出来的关键部分。许多动物显示出三脑系统的某些部分。"爬行脑结构"所指代的基底神经节也可以在鱼的体内找到。人类有一个不断发展的大脑皮层。对其他高等哺乳动物来说也是如此，虽然有结构上的差异。

当一个物种中的某些成员开发新的技能时，看起来这个物种又会发展出新的能力。比如说，一些种类的鹦鹉越来越懂得用语言来思考。看起来，所有生物大脑的主要特征就是神经可塑性。把注意力放在某个事物上，进行练习，最终习得技能。

然而，人类发展的主要领域可见于不同的大脑功能中。我们的大脑显示出相互冲突的特质。当共同发展情感—关系功能与认知功能时，我们人类得以繁荣。

了解大脑进化对思维进化非常重要，因为我们学会超越阻碍我们实现愿景的语言—情感限制，实现自身的发展。因恐惧而生的自我约束很容易变成"思维习惯"，所以人们会自动中止个人思维探索的进程。本书中的练习可以帮助我们越过一些典型的思维障碍。

10.（正文，第 40 页）关于胜王瑜伽的更多信息可见于维基百科（www.wikipedia.com）。参见哈他瑜伽、巴克提瑜伽、智慧瑜伽和克里亚瑜伽。

11.（正文，第 42 页）图 3.5 中，你可以看到三个空白象限，我们将在第一辑与第二辑中继续探索。

12.（正文，第 49 页）节选自 1789 年沃尔夫冈·阿玛多伊斯·莫扎特的一封信。出自《莫扎特生平与书信往来》第 211 ～ 213 页。

作者爱德华·霍姆斯，由查普曼与霍尔出版社出版于 1878 年。内容如下：

当我独自一人，只有我自己且心情愉悦时，比如坐马车旅行，或在一顿美餐后散步，或晚上无法入睡——在这样的情况下，我最能体会到思如泉涌。我不知道这种感觉什么时候出现，也不知道如何出现，我也不能强求。我将那些让我满心欢喜的愉悦留存于记忆中，而且，我已经习惯了，正如我所被告知的那样，只是轻轻地对自己哼唱。如果我继续下去，我很快就会想到，如何把这一小块或那一小块食物变成一盘美味，也就是说，让它们符合对位法的规则，符合不同乐器的特性等等。

所有这些都燃烧着我的灵魂，而且，只要我不被打扰，我脑中的旋律会自行延展，变得清晰而流畅，而且，整部作品在我脑海里几乎完整呈现，于是我可以看到整体，就像瞥见一幅精美的画卷或是一座美丽的雕塑。在我的想象中，我不是按顺序听到不同乐章，我听到它们的时候，就好像它们一下子扑面而来。

我无法形容这是怎样一种喜悦！所有的创作，整个创作的过程，就出现在令人愉悦的、栩栩如生的梦境中。当然，实际聆听整体效果的体验仍然是最好的。这个过程中所经历的一切是我难以忘怀的，这也许是我要感谢神圣的造物主给我的最好的礼物。

当我开始把想法写下来时，如果我需要写下某段乐曲，我就调取出记忆的包裹，这些包裹就是在我刚才提到的过程中一路收集到的。因此，纸面的工作可以迅速完成，因为正如我之前所说，所有创作都已经完成；我记录在纸面上的内容与我想象的内容几乎没有出入。

在这种情况下，我可以忍受被干扰；无论周遭发生什么，我都可以书写，甚至交谈，但只谈论蔬菜与鹅，还有格莱托或巴贝尔，或者诸如此类的事。但为什么我手中的作品，都如此有莫扎特的形式与风格，与其他作曲家的作品如此不同？

这也许是由于某种原因，让我的鼻子太大或太尖，再或者，简单来说，让它变成莫扎特的鼻子，让我不同于他人。因为我真的没有深入探究，或追求任何独特构思。

13.（正文，第84页）还记得吗，我们用谷歌地图的隐喻作为探索的一部分：先保持抽离，但紧接着，融入伴随着身体感觉的投入体验中，继续探索？感受一下是不是这样。这意味着，这首先是一个投入的教练位置的完整隐喻，但同时，看见整体地图的过程，也包含着"感知视角的价值"的意义。这个投入的教练位置可见于二维四象限模型的中间。这个练习很像教练位置沿着二维模型的纵轴移动。加上横轴，图7.1可以与任何一个四象限图叠加使用。

对于抽离视角的三维模型而言，谷歌地图的视角在图形的平面之外，可近可远。在四象限模型上加一个行走的人，图 7.1 和图 7.2 就变成了三维的。

我们总是可以在四象限模型中加上时间、空间与价值观的维度，所有这些都可以在第四维度的教练位置上得到扩展。具体参见第二辑。

14.（正文，第 88 页）在投入视角的二维模型中，垂直的度量尺就是纵轴的方向；在抽离视角的三维模型中，垂直度量尺垂直于纸面。

15.（正文，第 93 页）看起来，我们生活在四维时空中。然而，当前的物理学理论试图寻求更多的维度，用统一的方式完整描述出宇宙间所有的交互。我们的思维可以投射于四象限图上，这实际上是内在现实投射于二维纸面的四维模型。我们可以将时间的维度投射于横轴之上，在模型中建构延伸至过去或未来的延展。用这个模型来启动你自己延伸至"过去"与"未来"的思维探索。

16.（正文，第 102 页）意图是愿景的特质，我们通过本书中第十一章与第十二章描述的宣告与请求来"设定意图"。本书最前面的献辞也是宣告与请求的一个例子。

17.（正文，第 111 页）让我们从两个探索前提开始说起：物理学家与数学家们用他们的方式描述宇宙，我们自己也用独一无二的个人体验与隐喻来阐述宇宙；宇宙与我们的思维相互映射。我们的思维不断反映出我们对生命最真实的想法，这似乎是我们可以描述的三维现实。同理，物理与数学定律也映射于我们的思维中。从本质上看，经典物理学是绝对的，不容许不确定性的存在。在一个恒定的数学模型中，给定所有的初始设置与所有要素的速率，基本上可以测算出整个模型随着时间发生的演化。未来就如此被设定了，没有任何惊喜可言。

现在，我们问出开放式问题后，可以得到一系列可能性。我们发展出一系列可能的未来，"好像"它们是可能实现的。观察者会看到所有可能的选项，并从中选择一个。

图 9.2 中所展示的多层次教练位置，其理念不曾出现于经典物理学中！量子物理学提供了唯一的合理解释，反映出思维的法则。这是我们提到"量子"这个词时的隐喻语境。我们这个时代最重要的理论物理学家与数学家之一罗

杰·彭罗斯（Roger Penrose），在他的两本书中，提供了关于量子元素存在于我们的思维功能中这个主题充分详尽的阐述：《皇帝的新思想：关于计算机、大脑、物理定律与思维的影子》；《寻找失落的意识科学》。也可以看看亨利·P.斯塔普的书：《意念宇宙：量子力学与参与其中的观察者》。

18.（正文，第 151 页）"多样化世代"（Generation of Diversity）通常仅以首字母 GD 来表示。

推荐阅读书目

Almaas, A. H. Diamond Heart, Book One: Elements of the Real in Man.Berkeley, CA:Diamond Books, 1987

Bentov, Itzhak.Stalking the Wild Pendulum: On the Mechanics of Consciousness. Rochester, VT:Destiny Books, 1977.

Calleman, Carl Johan.The Purposeful Universe: How Quantum Theory and Mayan Cosmology Explain the Origin and Evolution of Life.Rochester, VT:Bear & Company, 2009.

Capra, Fritjof.The Tao of Physics: An Exploration of the Parallels Between Modern Physics and Eastern Mysticism.Boulder, CO:Shambhala Publications Inc., 2010.

Clark, Ronald W. Einstein, The Life and Times.New York:Avon Books, 1971.

Goleman, Daniel et al.Measuring the Immeasurable.Boulder, CO:Sounds True Inc., 2008.

Harris, Sam.Waking Up: A Guide to Spirituality Without Religion.New York:Simon & Schuster Paperbacks, 2014.

Jaynes, Julian.The Origin of Consciousness in the Breakdown of the Bicameral Mind.Boston, MA:Houghton Mifflin Company, 1976.

Jung, C. G. Memories, Dreams, Reflections.London:Collins & Routledge & Kegan Paul, 1963.

Jung, C. G. The Archetypes and the Collective Unconscious:The Collected Works of C. G. Jung.London:Routledge & Kegan Paul, 1968.

Jung, C. G. The Symbolic Life, Miscellaneous Writings:The Collected Works of C. G. Jung. London: Routledge & Kegan Paul, 1977.

Lowen, Walter.Dichotomies of the Mind:A Systems Science Model of the Mind and Personality.New York:Wiley–Interscience, 1982.

Lowen, Walter.Personality Types: A Systems Science Explanation.North Charleston, SC:Booksurge Publishing, 2007.

Lynch, Dudley, & Kordis, Paul L. Strategy of the Dolphin:Scoring a Win in a Chaotic World.New York:William Morrow & Company Inc., 1990.

Macy, Joanna.The Dharma of Natural Systems: Mutual Causality Buddhism and General Systems Theory.Albany, NY:State University of New York Press, 1991.

Merrell–Wolff, Franklin.The Philosophy of Consciousness Without an Object.New York:The Julian Press, 1973.

Pearce, Joseph Chilton.Evolution's End:Claiming the Potential of Our Intelligence. San Francisco, CA:Harper, 1992.

Rosenblum, Bruce, & Kuttner, Fred.Quantum Enigma: Physics Encounters Consciousness (2nd edition).New York:Oxford University Press, 2011.

Sheldrake, Rupert.Morphic Resonance: The Nature of Formative Causation. Rochester, VT:Park Street Press, 2009.

Stapp, Henry P. Mindful Universe:Quantum Mechanics and the Participating Observer (2nd edition).London/New York:Springer Heidelberg Dordrecht, 2007.

Talbot, Michael.The Holographic Universe.New York:Harper Collins, 1991.

Tarnas, Richard.Cosmos and Psyche.New York:Penguin Group, 2007.

Tulki, Tarthang.Time, Space and Knowledge:A New Vision of Reality.Oakland, CA:Dharma Publishing, 1977.

Whitehead, Alfred N. Process and Reality (corrected edition by D. R. Griffin and D. W. Sherburne).New York:Free Press, originally published in 1929.

Wilber, Ken.The Holographic Paradigm and Other Paradoxes.Boston, MA:Shambhala, 1982.

Wilber, Ken.No Boundary:Eastern and Western Approaches to Personal Growth. Boulder/London: New Science Library, Shambhala, 1981.

专有名词中英文对照表

前言

动态智能	dynamic intelligence
四象限思维	four-quadrant thinking
内在现实	internal reality
真我	true self
感知	perception
思维进化	mind evolution
思维图式 A、B、C、D	format A, B, C and D
整体价值观	global values
跳出盒子思考	out-of-the-box thinking
悖论	paradox
生命意图	life purpose

引言

总览教练位置	overview coach position
内在对话	inner dialogue
整体性智能	wholeness intelligence
内在共鸣	inner resonance
广阔觉知之流动	flow of expanded awareness
内容、结构、流程与内在形式之流动	contents, structures, processes and the flow of inner form

第一章

整体性	wholeness
完整性	integrity
整体意识	integrative awareness
内在一致性	coherency
量子意识	quantum awareness
投入	association
抽离	dissociation
融合点	the integration point

第二章

系统思考者	system thinker
思维游乐场	mind playground
无选择的选择	the choiceless choice
无变化的变化	the changeless change
无关的关系	the relationless relation
无形式的形式	the formless form

第三章

网状脑干	reticular brain stem
边缘系统	limbic system
情绪脑	emotional brain system
大脑皮层	cerebral cortex
杏仁核	amygdalae
丰富性	salience
重要性	relevance

体验感	experience
共鸣感	resonance
整体协同	congruence
全局观	overview

第四章

思维的运作模式	mind patterns
延展	expansion
探索	exploration
收缩	contraction
融合	coherence
我在	being
我做	doing
我有	having
超意识	beyond-consciousness
整体系统觉察	whole system awareness
身体的	physical
情绪的	emotional
意图的	intentional
深层意义的	meaningful

第五章

动态冥想	dynamic pondering
四方向练习	four-directions exercises
深层觉知	deep knowing
神性点	bindu
真相探寻系统	truth function
广博觉察	larger awareness

第六章

第七章

第八章

第九章

意识手风琴　　　　　　the accordion of consciousness

身份认同　　　　　　　identity

背景　　　　　　　　　context

全知全觉　　　　　　　full consciousness

事件视界　　　　　　　event horizon

界定范围　　　　　　　scope definition

思维图景　　　　　　　mindscape

觉知矩阵　　　　　　　the matrix of awareness

第十章

合一觉知　　　　　　　oneness awareness

价值观意识　　　　　　value awareness

心—脑动力　　　　　　heart—mind dynamics

意图之弓　　　　　　　the bow of intention

量子跃迁　　　　　　　quantum leap

第十一章

自我觉知　　　　　　　self—awareness

创造性直觉　　　　　　creative intuition

断言　　　　　　　　　assertions

承诺　　　　　　　　　promises

请求　　　　　　　　　requests

宣告　　　　　　　　　declarations

整合的觉知　　　　　　integrative awareness

次感元　　　　　　　　modality

吸引域	attractor field
内在进程	inner process
跨越时空的	across-time

第十二章

启动者	beginners
推进者	step builders
完成者	completers
觉察之流动	the flow of awareness
视觉宣告	visual declarations
成为	becoming
镜像神经系统	mirror neuron system
逐步显现	incremental manifestation

附录 A

总览教练位置	overview coach position
观察者视角	observer viewpoint
广阔觉察之流动	a flow state of expanded awareness
深层次聆听	deep listening
英雄之旅	hero's journey
自我观察	self-observation
意图明确的	purposeful
收缩意识的	contractive
万有一体	allness
情感隔离	dissociation

附录 B

四象限图	four quadrant diagramming
对称性	symmetry
同构性	isomorphism
投入的教练位置	associated coach position
抽离的教练位置	disociated coach position
元状态	meta state
感知	perception
缩略图	thumbnail diagrams
思维空间	mind space
全息地图	holistic map

附录 C

内容	form
结构	structure
流程	process
形式	form
流动	flow
假如式的创造进程	as-if creative process
如是	suchness

附录 D

自然涌现的	emergent
俄罗斯套娃式思维	Russian doll thinking
抽象层次	level of abstraction
整合层次	level of integration

逻辑层次	logical level
觉知之源	awareness source
思维宇宙	universe of mind

附录 E

思维地图	diagrams
几何图	geometric shapes
发展式学习	developmental learning
对整体情境的觉知	contextual awareness

附录 F

角色认同	characterization
身份认同	identity
同一性	sameness
共同身份	joint identity
自我定义	self-definition
过分简化的	simplistic
自我觉察	self-awareness